Introduction to
ICRP Publication 111

語りあうための
ICRP 111

——ふるさとの暮らしと放射線防護——

ICRP 111 解説書編集委員会

公益社団法人
JRIA 日本アイソトープ協会

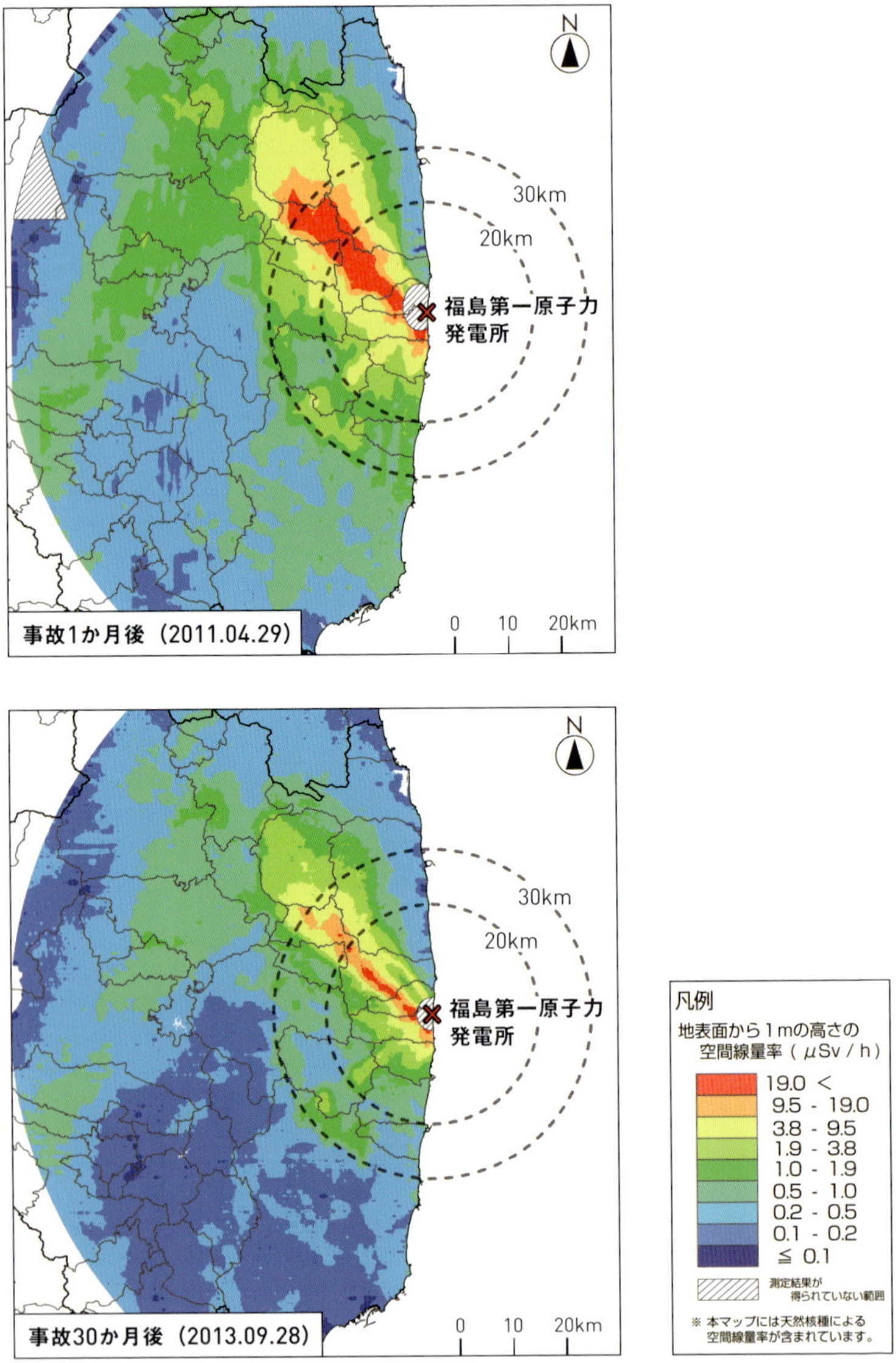

① 福島第一原子力発電所 80 km 圏内における空間線量率マップ（原子力規制庁）

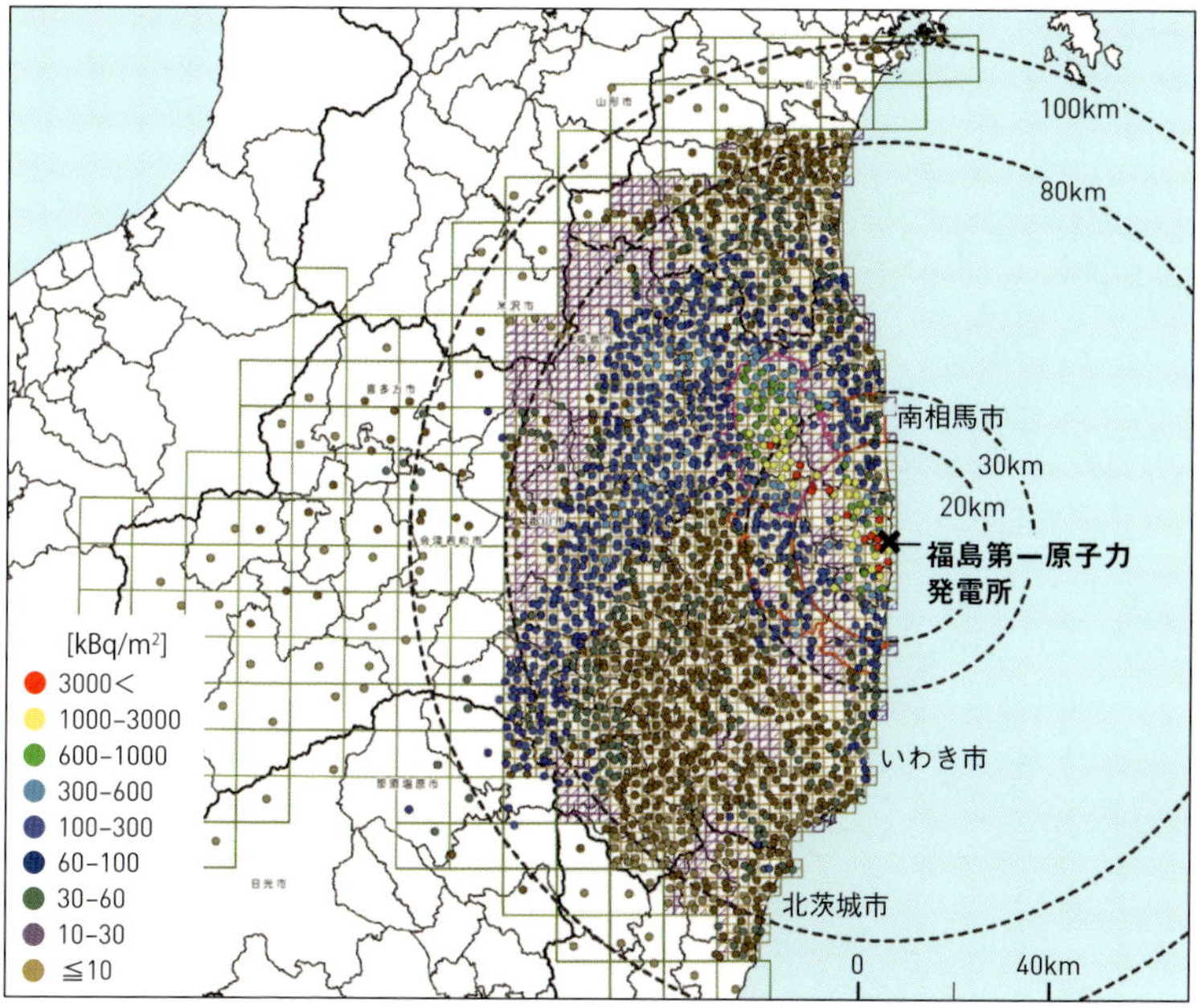

② セシウム137の土壌濃度分布（2011年6月14日時点）（文部科学省／農林水産省）

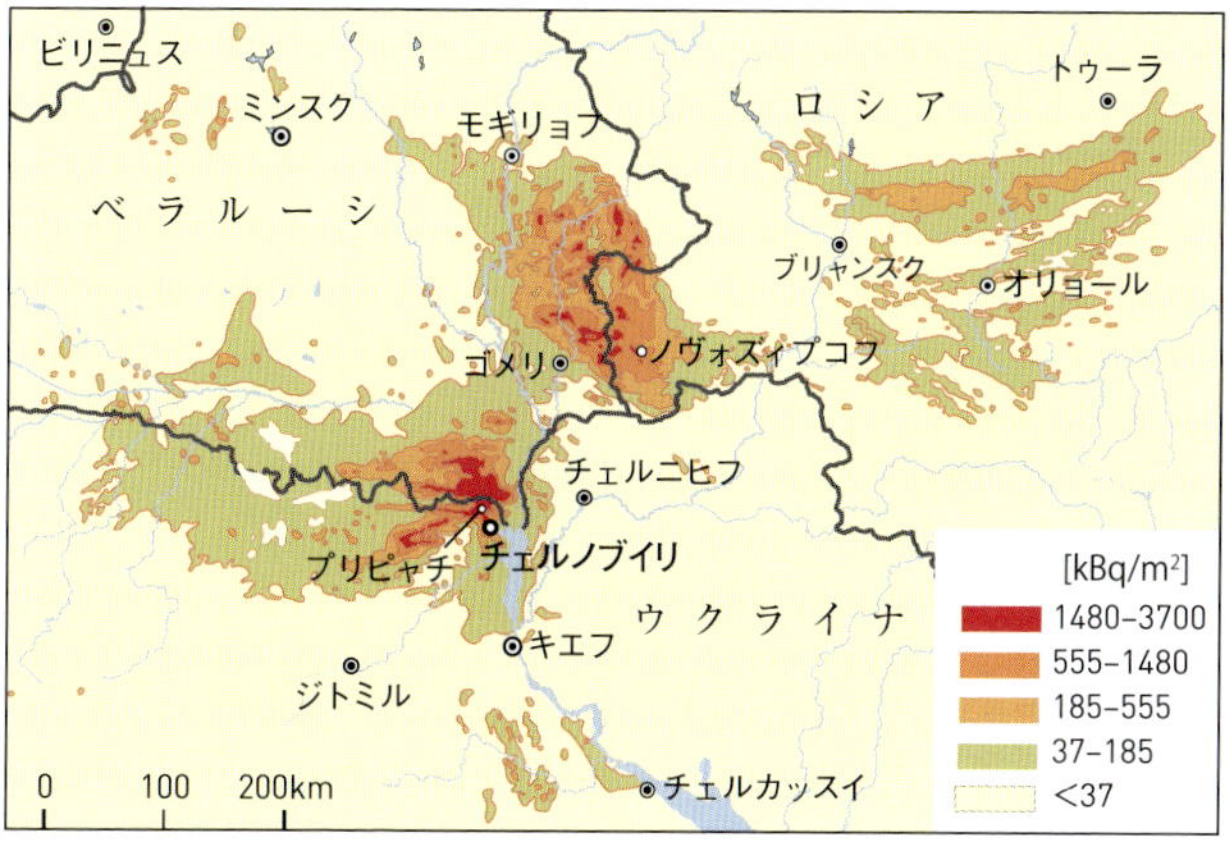

③ ベラルーシ、ウクライナ、ロシア3国における
セシウム137の地表面沈着分布（IAEA,1991）

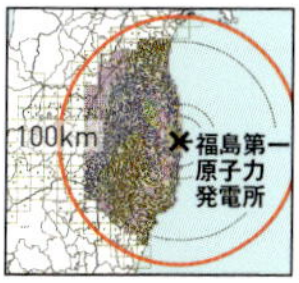

同縮尺の日本

「俺の田んぼ、綺麗でしょ?」
収穫を迎えた、いわき市の遠藤眞也さん(2012年10月)。震災の年は玄米で 200 Bq/kg 超の袋もあったが、この年はすべて 7 Bq/kg 以下だった。
(写真:高井潤。ICRP Annual Report 2012 掲載)

はじめに

1冊の本があります。その本を知る人たちのあいだで「ＩＣＲＰ111」と呼ばれています。正式名称は、

"ICRP Publication 111　Application of the Commission's Recommendations to the Protection of People Living in Long-term Contaminated Areas after a Nuclear Accident or a Radiation Emergency"

邦訳は「ICRP Publication 111　原子力事故または放射線緊急事態後の長期汚染地域に居住する人々の防護に対する委員会勧告の適用」

お察しのとおり、これは専門書です。書名の頭にあるＩＣＲＰとは、ＮＰＯの国際学術団体である「国際放射線防護委員会」を意味しています。その創設は１９２８年。19世紀末、エックス線やラジウムが発見され、やがてそれを研究し利用する現場で放射線による健康障害が明らかになり、放射線障害から人々を守る手順を作るため、誕生しました。長年、一連の刊行物

（ＩＣＲＰ勧告）というかたちで放射線防護のための考え方や数値基準を世界に発信しています。この勧告に法的な強制力はありませんが、世界の多くの国で放射線防護を検討する際に欠かせないものとなっています。

ＩＣＲＰ111はこのＩＣＲＰ勧告の１１１冊目。本書では「ＩＣＲＰ111」あるいは「111」と呼びます。

２０１１年４月。福島第一原発事故への緊急対応に苦闘するわが国に向けて、「あまりに多くを失った日本に捧ぐ」とのメッセージとともに、ＩＣＲＰは111のＰＤＦ版をホームページで無償公開しました。つづいてアイソトープ協会が、当時、翻訳途上であった日本語版111のドラフトを、最低限の正確さは確認したのちに、ホームページで公開しました。どちらにも、公開直後からきわめて多くのアクセスがあり（日本語ドラフト版は、公開から約半年で４８００５件）、さまざまな立場の方にご利用いただいたようです。

そのなかに、見事な活用例がありました。放射線とは無縁の多くの市民ボランティアが、専門家の助言を得ながら、会話体の解説書を作成されたのです。「ＩＣＲＰ111から考えたこと」という、この魅力的な解説書はネット上に公開され、被災地の方にＩＣＲＰ111のことを知らせました。そして、その111の考え方を活かして、自分たちの防護活動を始めるグループも生まれました。

この事例は、新しい可能性と課題を教えてくれました。ICRP勧告のような専門書でも、想定を超えるさまざまな立場の方が読んでくださったのです。そして、今回の事故のような状況で、これまで放射線と縁のなかった方々にどうやって基本的な考え方や専門知識の橋渡しをしていくかが課題でした。アイソトープ協会は、1958年からICRP勧告シリーズの翻訳を続けてきました。翻訳は橋をかける仕事です。しかし、専門家に向けて記された内容を忠実に翻訳すれば、やはり専門家向けとなります。新しいタイプの橋が求められていました。ただ事故直後の状況では、それは難しいことでした。

事故から2年を過ぎたころ、今ならできるかもしれないという状況ができました。そこで、事故直後からの推移も取り入れ、ICRP 111の理解に必要な背景知識や情報も交えつつ、ICRP勧告をもっと読者の近くまで届けることを目指して、実験が始まりました。予定より時間がかかりましたが、このたびまとまったのが本書です。

本書の構成は、冒頭と結びの章を除いて、ICRP 111の本文2章から6章の内容に基本的に対応しています。また、別章として、放射線による「健康影響」と「リスク」を取り上げました。事故後の状況では情報が錯綜していたため、皆さんの知識に時として混乱が見られる2つの基本についての、特別講義の付録です。巻末には、本書の内容に即した視点からまとめた年表があります。

ＩＣＲＰ111の本文に対応する解説は、原著の項目順ではなく、その章の中核となる内容が具体的に伝わることを主眼としました。そのため、データ性の強い章は専門用語による記述が主体となり（2章の2・4節まで）、コンセプトの理解が中心の章は読み物のような記述となっています（3章から5章）。章ごとにかなり独立性が高い構成となっているので、1章を読まれたあとは、それぞれ興味にそって読みたい章に進み、6章で終わるのも良いかもしれません。この本のなかをどのように歩いていくかは自由です。

編集の経緯を記しておきます。まず、丹羽、甲斐、本間の3名の委員が全体の骨組みとなる原稿を用意し、早野委員のレビューのもと、表現とデータの検討、加筆・修正は全員で行いました。すこしでもわかりやすい説明となることを第一優先とする。この合意により、とくに4章などは多数の手による改稿が繰り返され、チーム執筆というべきものになっています。そのため、章ごとに担当者名を示すことは行いませんでした。

執筆にあたっては、公的に確認されたデータにもとづく記述をできるかぎり心がけましたが、本書の記述はあくまで当委員会の見解です。編集委員が所属しているいずれかの組織のものでも、ＩＣＲＰのものでもないことにご留意ください。

最後に本書のタイトル「語りあうためのＩＣＲＰ111」について。この本は、まず第一に、さまざまな立場で復興の実務に携わっておられる方を想定して書きました。事故後の放射線防護の全体像を理解し、実務に必要な知識を深め、現場の方々で語りあうためにご活用いただければ幸いです。

次に仕事以外でも、放射線の基礎知識が防護という実践にどのように結びついていくのかを知りたい方。事故後の情報混乱のなかでよくわからなかったこと、事故から時が経ってかえって口に出せなくなってしまったことを、もう一度、落ち着いて考えたい、という方にも読んでいただけたらと考えています。放射線の基礎から始まる本ではありませんが、事故後に多くの公的機関のホームページで基礎知識の説明が公開され、良い入門書もあります。そういったもので確かめながら、ゆっくりゆっくり読みすすめていただき、身近な誰かと語りあっていただけたらと思うのです。

この本でＩＣＲＰ111をどのくらい近くまでお届けできたでしょうか。まだまだ、わかりやすさは足りていないかもしれません。将来への課題も見えてくるかもしれません。このあとは、本書のなかにあるいくつものテーマについて折にふれてひとつずつ取り上げ、語りあう機会があればと願っています。

本書の作成にあたっては、佐々木康人先生（前ＩＣＲＰ主委員会、湘南鎌倉総合病院附属臨床研究センター）、伴信彦先生（ＩＣＲＰ第1専門委員会、東京医療保健大学）、吉澤道夫先生（日本原子力研究開発機構）の助言をいただきました。ご協力に心より感謝いたします。

２０１５年1月27日

ＩＣＲＰ 111解説書編集委員会

日本の読者への手紙

——なぜICRP111を書いたのか——

福島第一原子力発電所の事故に続く数か月のうちに、ＩＣＲＰ111は、事故の影響を受けた地域で生活する人々を長期にわたって防護するための助言を探す規制関係者や専門家のあいだで次第に大きな注目を集めるようになりました。しかし驚いたことに、この本は被災地域で暮らす専門家ではない市民のあいだでも反響を呼んでいたのです。自分たちの日常生活においてこの状況に立ち向かうための情報を探していた人たちでした。事故から1年経ったころ、ある読者がメールをおくってくれました――"In the midst of the turmoil, ICRP 111 was the only support for our mind."(あの混乱のただ中で、ＩＣＲＰ111だけが私たちの心の支えでした)。この言葉は、私の心に深く響きました。

今思うと、どちらかといえば堅苦しいこのテキストに関心をもってもらえたのは、つまるところ、この本にあるいくつかの文章が20年早く同じような状況で生きた人々の独自の体験を伝えていたからではないでしょうか。チェルノブイリ周辺のベラルーシ・ロシア・ウクライナの汚染地域で、さらにはノルウェイや英国のチェルノブイリ事故による放射性降下物に深刻な影響を受けた地域で、暮らしを続けた人々の体験です。

実のところ、このICRP111をつくらなければという思いが湧いてきたのは1990年代の終わりで、ベラルーシでのETHOSプロジェクト（1996-2001）とのつながりにおいてでした。当時、専門家や地域で選ばれた行政担当と専門職の支援があれば、放射性物質の汚染を受けた地域に暮らす人々は、生活環境の回復に参加して、自分たちの防護に自ら取り組みうることが明らかになってきていたのです。※

ETHOSプロジェクトが始まったのはチェルノブイリ事故から10年後でした。そのころには、国内の被災地域の状況をどうにかしようと政府関係者や専門家のあらゆる努力がなされたにもかかわらず、地域の住民は状況に対してなす術が無く、あきらめの傾向が次第に強まりつつありました。事故後の状況がもつ複雑さはソビエト連邦体制の終焉により生じた経済危機で増幅され、故郷に残って暮らすことを選んだ人たちにほとんど望みはありませんでした。ベラルーシ南部の小さな村オルマニーで、そこに住む人々と、彼らの側にいようとフランスから来た10人の専門家たちにとって、制御不能から状況放棄にむかう負のスパイラルを逆の向きにむけるまでに、2年を超える月日が必要でした。子どもの内部被ばくのレベルを自分たちの力で下げることが

※ Lochard, J. (2013). Stakeholder Engagement in Regaining Decent Living Conditions After Chernobyl. In D.Oughton & S.O. Hansson (Eds), Social and Ethical Aspects of Radiation Risk Management. Elsevier Sciences, 311-332.

できる、と村の若いお母さんたちが気づいたことが転機であったのは間違いありません。裏庭の菜園からの野菜を測定し、より汚染の少ない食べ物を選ぶことで、子どもの内部被ばくによる汚染を30分の1にまで低減できる可能性があることを、母親たちは自らの手で発見したのです！　村の人々と協同の取り組みを進めて2年が経過したころ、ある夕方、長い一日の仕事を終えたあとのミーティングで現状についての意見を聞いたとき、あるお母さんが「春が来て河の氷が割れ始めた思いがした」と言いました。これを聞いたとき、われわれは正しい方向に進んでいると実感しました。

このプロジェクトに参加した放射線防護の専門家たちから見て、すぐに明らかとなったことがありました。それは、規制当局が被ばくを制御するために採っていた中央集権的で規範に則ったアプローチでは長期の汚染地域で生じてくる状況の複雑さには対応できない、ということでした。であればこそ、ＥＴＨＯＳプロジェクトの教訓を、原子力事故後の被ばく状況の管理に関わる勧告にどのように反映するかは大切なことでした。とくに、このテーマに関するかぎりＩＣＲＰは過去にあまり見解を示してこなかったからです。

ここで学んだ教訓は1999年の春、ICRPの第4専門委員会で初めて提示され、その年の終わりには、「放射性物質を受けた環境の復旧に関する国際シンポジウム」でも提示されました。このどちらも米国で開かれた会議でした。多くの同僚は好意的に受け止めてくれましたが、それでもICRPがこの報告書を担当するタスクグループを立ち上げるまでに6年かかりました。そして、最終的にICRP111として世に出るまでにはさらに4年の月日を要しました。このように大きく遅れた原因は、おもに、あのころ同時進行で主委員会がICRP2007年勧告の検討を進めていたためであり、そして、この勧告では放射線防護体系に大きな進化があり――すなわち、従来広く用いていた「行為と介入」を区別した防護のやり方に替えて「被ばく状況」と呼ばれる区分が導入されたことですが、111のタスクグループもそれに合わせて考察を明確にする必要があったためでした。

タスクグループ内での長期にわたる懸命な議論がなかったら、この「被ばく状況」による防護への移行はなし得なかったことでしょう。とくに、最適化の原則を実践するための参考レベルの数値の選び方や、事故の影響を受けた人々自身をこの実践に参加させることを重要視するといった変化は、こうして生まれたのです。この後者の点について、2007年勧告のなかで主委員会は「防護の最適化を行うときはステークホルダーの感じ方と関心に配慮する必要がある」と述べていますが、当タスクグループとしてはいささか離れた見解にとどまっていました。たとえば、「自助努力の防護」や「実用的放射線防護文化」という考え方は、すでに書いたようなベラルーシの村の人々やノルウェイのサーミの人々との体験から生まれたもので、これが、文化や社会技術・経済の文脈が異なる場合でも再現できるかという点でいくぶん疑念があったからです。

今にして思えば、ICRP111で、チェルノブイリ事故の影響を受けたヨーロッパで人々を回復に導いた具体的な道のりを、もっと踏み込んで書くことに強くこだわっていればという点で、いささかの悔いがあります。放射線の知識を得て、必要な選択ができるような技術を身につけ、汚染と向き合って賢明な行動をとる——言い換えれば、これが実用的な放射線防護文化を育てることですが、それだけではなく、失ったあたりまえの生活の状況を彼らと子どもたちが取り戻す、ということをしっかり書かなかったからです。

ではありますが、福島の事故で影響を受けた日本の方々がこの3年でなしとげた進展を実感するにつけ、111は十分では無く不備もあるけれど役に立つ目安にはなったのかもしれない——こう考えてもいいのではないかと私は思っています。最後に日本の読者の皆さん、事故の影響を受けた地域で、忍耐、連帯、そして尊厳に基づいて生活の状況を回復してゆく道のりを探すうえで、これからもこの111があなたの助けとなることを心から願っています。

ICRP副委員長
ジャック・ロシャール

目次

目次

ブックデザイン　米倉英弘

1章

福島——あの日から起こったこと

14:46 東北地方太平洋沖地震　発生

March 11, 2011

15:35 大津波、防潮堤を超え福島第一原発へ

March 11, 2011

15:42 東京電力、全交流電源喪失の通報

March 11, 2011

２０１１年（平成23）3月11日の東北地方太平洋沖地震とそれに続く津波は、東京電力福島第一原子力発電所の事故を引き起こしました。この事故はわが国が経験したことがない大規模な放射線災害に発展し、約4年を経た今日でもさらにさまざまな様相を見せながら展開しています。事故から今日までの福島の動きを簡単に振り返りたく思います。

まず3月11日の津波は原子炉の電源喪失と炉心の溶融を引き起こし、12日には20㎞圏内に避難指示が出され、多くの人々がこの緊急措置に従いました。短時間で行われた緊急避難の混乱はご高齢の方に大きすぎる負担であり、移送バスのなかで亡くなられた方も出るにいたりました。ついで15日の2号機からの大量の放射性物質の放出に伴い30㎞圏内に屋内退避が指示され、これは3月25日に自主避難要請に切り替えられました。原発からの距離によるこれらの措置以外に、4月22日には、事故から1年の累積予測で年間20ミリシーベルト以上の線量を受ける可能性があるとして計画的避難区域が指定され、さらに多くの人々が故郷を離れることになりました。年間20ミリシーベルト以上の基準が設定されたことで、避難地域以外でもこのような地点が見つかったことから、6月30日には特定避難勧奨地点が設定されました。これらの地域から避難された方は、しばらく体育館や公共の施設で不自由な生活を送ったのち、夏ごろから民間アパートや急ごしらえの仮設住宅へと移っていかれました。

避難者の総数は自主避難の方も含め２０１２年12月のピーク時で16万人を越えます（内閣府

原子力被災者生活支援チームによる集計)。4年近くを経過した今日でも、避難の解除はごく一部の地域に限られ、帰還された方も多くはありません。避難措置は、一人ひとりのそれまでの日常生活を奪います。そして4年という年月のなかで、避難という非日常は避難者の日常になりました。不自由な生活の中で体調を崩し、時には死亡する方も出ています。

宮城や茨城などの近隣の県を含め、福島の事故で避難措置を受けなかった地域にも放射性物質が降り注ぎました。放射線はこの地球上で太古の昔から常に存在してきましたが、専門家でもないかぎり、人は通常これを意識することはありません。でも原発事故が起こり、誰もがいやでも放射線の存在を意識せざるを得なくなりました。すなわち今回の事故では、放射線が一般の人たちの生活に突如侵入したと言えるでしょう。その時点で日々の生活は一変しました。

放射線の健康影響については、長い研究の歴史から、これが放射線の線量に依存することが明らかになっています。そして年間数ミリシーベルトといった線量がもたらす健康影響は、他の要因と切り離して検出することができないほど小さいものであることも自然科学の事実として証明されています。今回の原発事故による福島在住の人々の初年度線量は、国連科学委員会(UNSCEAR)によると、初年度は実測値がないところから、各地域で受ける代表的な線量が推定されました。避難区域以外の福島の成人では1〜5ミリシーベルトという範囲の推定がなされています。そしてこの方たちが今後も福島に住みつづけた場合の生涯にわたる線量は最大で初年度線量の3倍であることから1～11ミリシーベルトと見積もられています（UNSCEAR, 2013)。同報告は今回の事故がもたらした放射線量が少ないことから、その健康影響は大きくはなく、大規模な調査をしても疫学的に検出できるものではないとしています。そしてこの低い線量は、放射線防護措置のひとつである避難のおかげでもあります。

しかし、ふだん放射線を意識しなかった多くの人々にとって、新たに日常に侵入した放射線は、目に見えず匂いもない、でも健康に多大の影響を及ぼす得体の知れないもの、です。得体の知れないものに対して多くの人は対抗することができません。対抗できない状況のもとでの生活が続くなかで、人は自信を失います。自信の喪失は、日常生活の破壊をまねきます。このようにして日常の破壊は、自然科学の教える線量と健康影響の範囲を超えてきわめて深刻な問題に発展します。このような原発事故がもたらした状況において、放射線障害から人々を守るべき放射線防護体系は、本来の役割を果たしたのでしょうか。今日でも13万人近くの方が福島県内外での避難生活でご苦労を重ねておられます（内閣府原子力被災者生活支援チームによる集計。2014年10月1日現在)。そして福島第一事故の収束は、今後、長い年月を要すると思われます。

ICRPの111は、まさに今回のような先の見えない状況であったチェルノブイリ事故からの回復を見据えて書かれたものなのです。事故後のソビエト連邦崩壊に伴う混乱と放置のなか、無気力になっていた住民は専門家と出会い、放射線に対応する術を知り、自分たちの暮らしを取り戻していきました。この過程をともに歩んだ経験が111を支えています。

今回の解説書は、福島第一事故についてその実態を記し、それを踏まえてまず放射線防護の基本的な考え方を説明します。2章から5章では、ＩＣＲＰ111の章立てに沿って、福島の事故における緊急時被ばく状況や現存被ばく状況、当局の防護対策と住民の防護対策、放射線のモニタリングと健康管理、食品の管理などを取り上げます。そして6章では、過去の事故の教訓から明らかになってきた新しい放射線防護の考え方について改めてまとめます。別章では、放射線の健康影響とリスクについて、より専門的な知識を交えて解説し、その本質をご一緒に考えたいと思います。

2章

事故の影響を受けた地域とそこでの暮らし

汚染地域内では社会的および経済的な活動とともに住民の日常生活のあらゆる側面が影響を受けることが明らかになっている。これは放射線防護を考慮するだけでは管理ができない複雑な状況であり、健康、環境、経済、社会、心理学、文化、倫理、政治などの関連するあらゆる側面を扱わなければならない（UNDP, 2002）

――ICRP 111（12）項

ＩＣＲＰ111の2章は過去の教訓（12項）から始まり、放射線の問題の検討に入っていきます。

「本書で検討するタイプの現存被ばく状況は、比較的広範囲の地域にわたる放射性汚染をもたらす放散性の事象の結果である。沈着のパターンは、放射能およびエネルギーの放出に関する放散性の事象の規模に依存し、また放出時の支配的な気象条件、特にプルーム通過時の風向および降雨に依存している。長期間にわたる放出の場合、風向は時間とともに変化する可能性がある。長期的には降雨とウェザリングによって沈着した放射性核種は土壌中に浸透し、一部は水系または再浮遊を通じて移行する。土壌から植物への取り込みは季節によって変わる可能性がある。沈着レベルもまた、地域によって大きく異なる可能性がある。チェルノブイリ事故の後、表面汚染（単位表面積当たりの放射能）は同じ村の中で最大10～１００倍の範囲で変動した。長期の場合には一般に、１つまたは少数の放射性核種が人への被ばくの主要な寄与因子として支配的になる。」（13項）

かなり抽象的な書き方となっています。もともと専門家に向けて放射線防護の考え方や根拠となる理論・データをまとめたものなので読みやすいとは言えませんが、問題の本質を考えているため、世界のどの国でも同じような問題があれば対策検討の手引きとして使えるというメリットもあります。このような一般化された表現で書いている内容は、具体的にはどういうことなのでしょうか？　それを、福島第一原発事故の視点からお伝えしたいと思います。

本章は、まず今回の事故やチェルノブイリ事故で生じた放射性汚染を例に要点を説明し、その後、111の2章の流れに沿って、事故後の被ばく経路、被ばくの特性へと進めていきます。次に、国際機関が行なった住民の被ばくに関する影響推定の概要を紹介します。そして被災した方々のそれからの日々について、その一端ではありますが、考えたいと思います。

2.1 環境の放射性汚染

大気中への放射性物質の放出

福島第一原子力発電所の事故では、大気中への放射性物質の放出は断続的にかなり長期間にわたって続きました。放出の様相は時間的、空間的にもかなり複雑です。放出は、２０１１年3月12日明け方から始まりました。1号機からと考えられます。その後1週間以上にわたって、

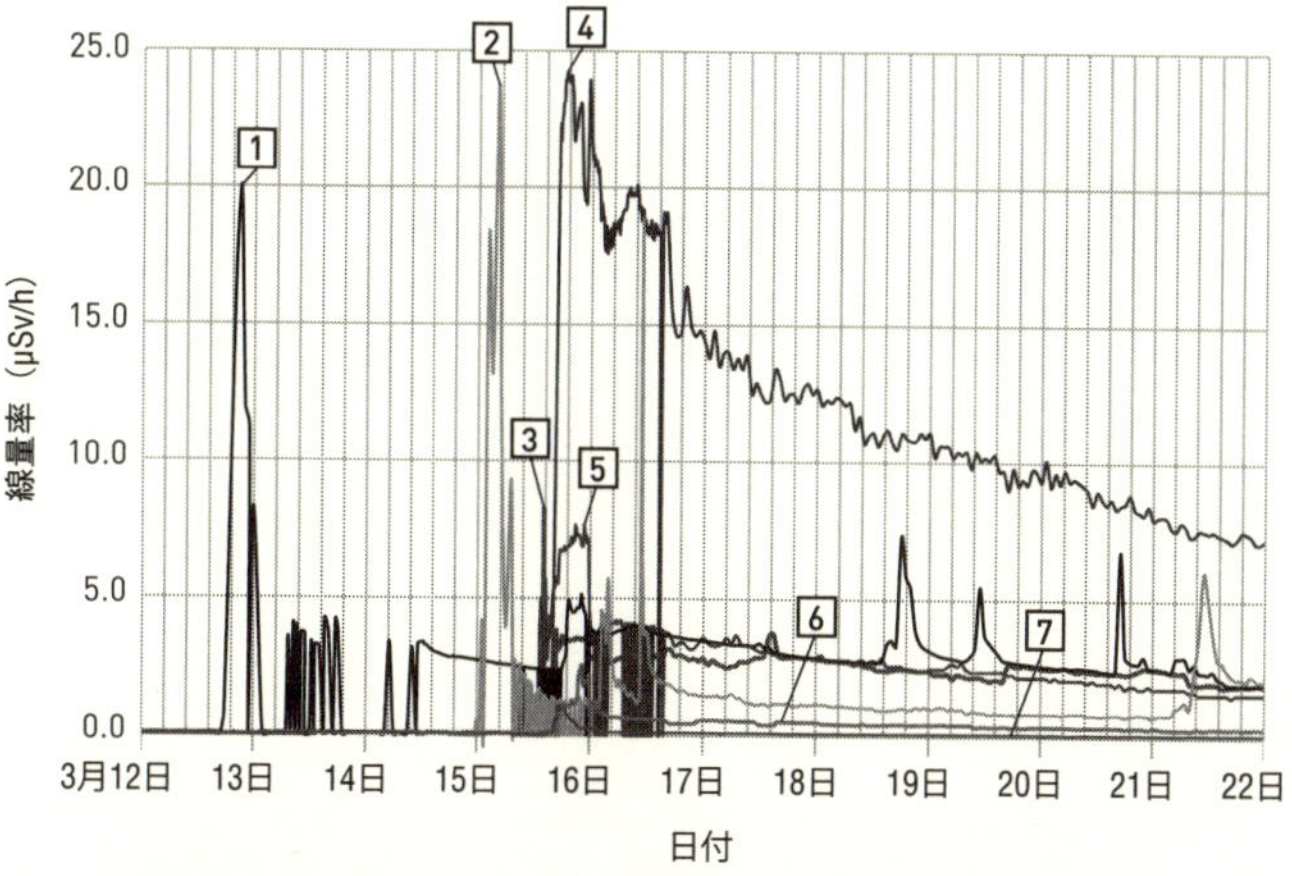

図2.1　福島県7地域における事故初期の空間線量率の時間変化
1 相双（南相馬市）、2 いわき（いわき市）、3 県中（郡山市）、4 県北（福島市）、5 県南（白河市）、6 会津（会津若松市）、7 南会津（南会津市）。福島県ホームページのデータより作成。

1～3号機での事故進展（水素爆発、ベント、原子炉および格納容器からの漏えい）に伴って、放出率は複雑に変化しました。1週間を過ぎると、いくつかの変動を除いて、放出は徐々に減少し、4月初旬には最初の1週間に比べて放出率は千分の一以下になったと考えられています。

事故初期の福島県における空間線量率の時間変化を見ていきましょう（**図2・1**）。事故発生当時、福島県が県内に設置していた24のモニタリングポストのうち、福島第一原発の西南西約5㎞にある大熊町大野局を除くモニタリングポストは地震と津波の影響ですべて機能しなくなりました。しかしながら、**図2・1**に示すように県7つの地域で計測した可搬型モニタリングポスト

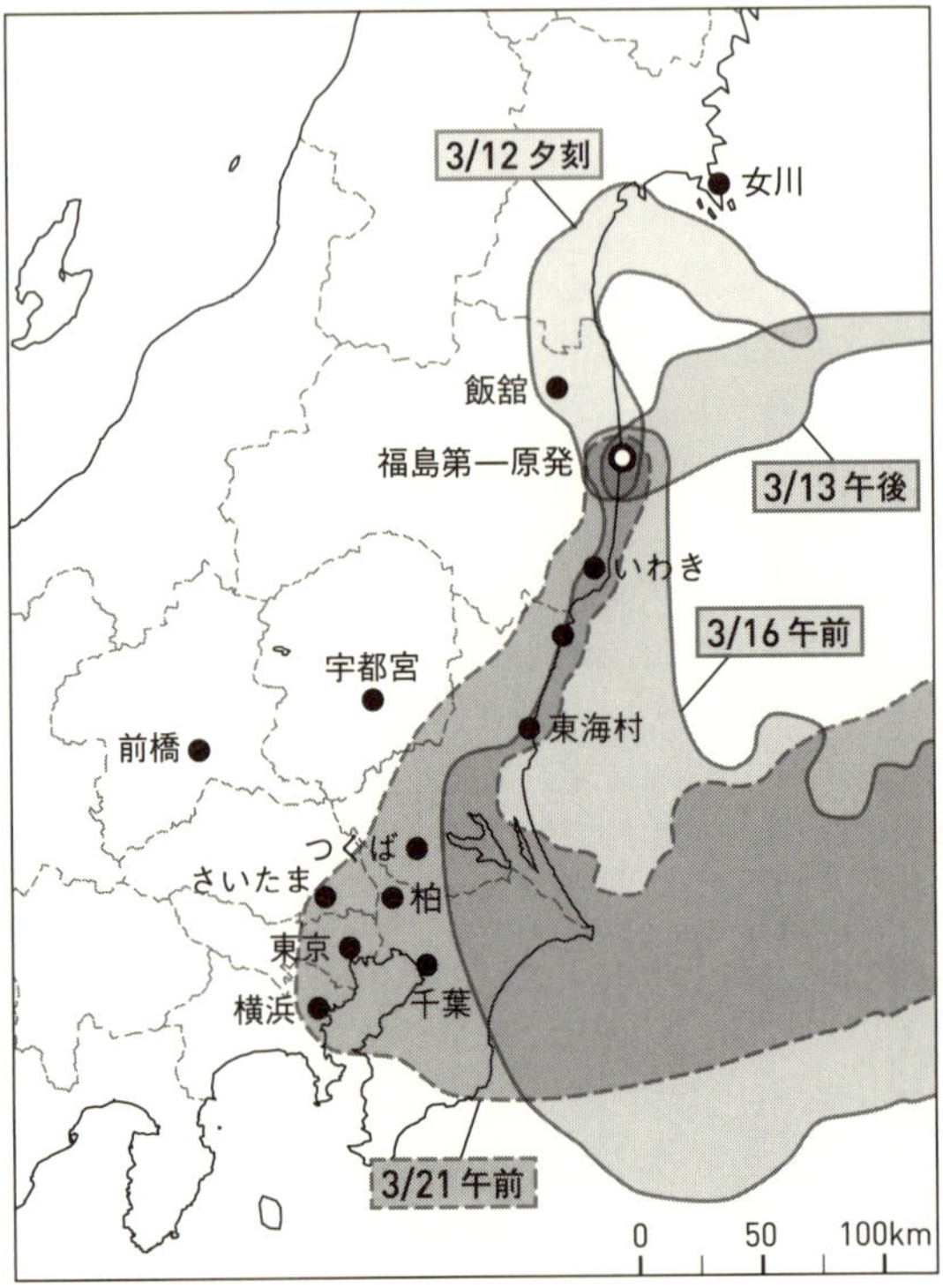

図2.2a　放出プルームの分布状況（2011年3月12日～21日）
a, b ともに同条件のシミュレーションによる。福島第一原発から連続的に放出されたと仮定し、各時間帯の気象データを用いて、放出プルームの大まかな拡散分布の状況を気象／拡散モデル RAMS / HYPACT により計算した（筆者）。

放射性プルーム

放射性雲ともいう。大気中に放出された放射性物質がガスとして、また塵などに付いた粒子のかたちで雲のような塊として、大気中を風で運ばれる状態。

線量と線量率

線量は、放射線の量を放射線防護の目的で評価するための単位。線量率は、単位時間あたりの線量。放射線の影響は、受けた量だけでなく、どのように受けたか（時間と部位）で大きく変わるため、防護は「線量率」（μSv/h など）で考えることが多い。

3/15 朝 9:00

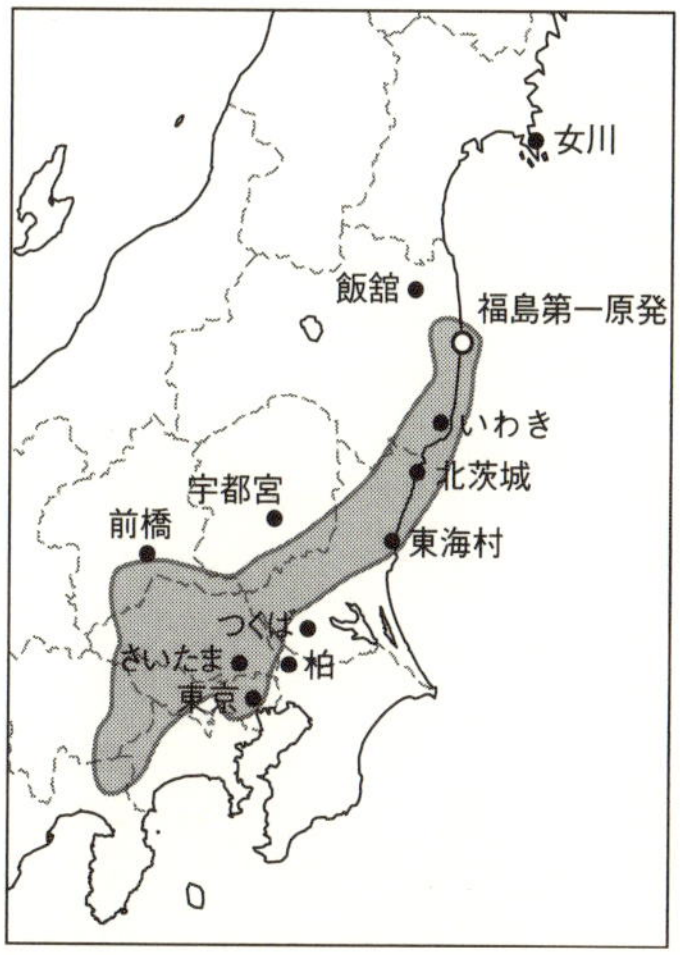

3/15 昼 14:00

ベクレル〔Bq〕

放射能の強さを表す単位。1秒間に「原子核がいくつ崩壊するか」の数で表す。きわめて微細な現象を数えるための単位なので、結果は膨大なケタ数となる。

シーベルト〔Sv〕

線量を人体への影響で考えるときの単位。人体が受けた線量と、受けた放射線の種類による人体への影響度の違いを考えて算出する。全身の線量は、それぞれの組織・臓器の放射線への感受性の違いも考えて、「実効線量」を用いる(42ページ)。

3/15 夜 20:00

図2.2b　放出プルームの分布状況
(2011年3月15日)

のデータから大まかな大気中への放出の様子が推測できます。

3月12日夕刻から南相馬市で空間線量率の上昇が見られます。これは1号機のベントや建屋内の水素爆発によって放出された放射性プルームの影響と考えられます。

3月13日から14日にかけての3号機からのベントあるいは3号機の水素爆発（3月14日11時01分）による放出は、おもに海上に流れ、陸側ではほとんど検出されていません（**図2・2a**）。3月14日の夕刻には2号機で炉心溶融が起こり、格納容器から原子炉建屋に漏洩した放射性物質は環境中に放出されたと推定されます。これにより敷地内の放射線量が上昇し始めました。この放出の影響は、折からの北風に乗って福島県浜通りを南下し、3月15日未明にはいわき市で検出され、茨城県東海村の日本原子力研究開発機構の測定では早朝には線量率が上昇し始め、朝7時過ぎにピークとなりました。その後、関東各地でモニタリングポストの値が上昇し、放射性物質は静岡県まで到達したと考えられます（**図2・2b**）。

図2・1のように放出された放射性物質は、その後、白河市、郡山市、福島市に達しています。福島第一原発サイトでは、15日午後から夜半にかけて、南から南東寄りの風が一定して吹きつづけました。福島県のアメダスデータでは、15日17時に最初に福島市で0・5㎜の降水を観測しました。その後、北部から雨や雪が観測され夜半には全域に及んだため、放出プルームの通過と降雨、降雪の影響による放射性物質の沈着により、第一原発の北西方向に高い汚染分布が

生じたと考えられます（図2・2b。カラー口絵①も参照）。

環境への放射性物質の放出量

（1）大気への放出

福島第一原発から大気中に放出された放射性物質の放出量、放出パターン、核種組成など放出源に関わる情報としては、いくつかの報告があります。推定は、次の2つの方法で行われています。

- 各号機の事故進展の詳細なシミュレーション解析
- 環境中の放射線や放射性物質の測定データを用いた大気拡散モデルによる逆解析

各推定結果は、対象とした地域や時間枠の範囲などが違うため、厳密に直接比較することはできませんが、全放出量については大まかな比較はできると考えられます。

推定結果によると、ヨウ素131の全放出量はおよそ100〜500ペタベクレル*、セシウム137は6〜20ペタベクレルの範囲と考えられています。これは事故当時に1号機から3号機の炉内にあった放射性核種ごとの全蓄積量（炉内蓄積量。インベントリともいいます）に対して、ヨウ素131が2〜8％、セシウム137が1〜3％と推定される量です。

この放出量は、チェルノブイリ事故と比較するとどの程度の量なのでしょうか？　最新のチ

＊1ペタは1000兆

エルノブイリフォーラム２００６報告書によれば、チェルノブイリ事故では環境に放出された放射性物質の総量（１９８６年４月26日換算）は約14エクサベクレル（１４０００ペタベクレル）に及んだとされています。原子炉事故で重要と考えられている核種のうち、放射性希ガス、ヨウ素131（約１８００ペタベクレル）、セシウム137と他のセシウム同位体（約85ペタベクレル）、ストロンチウム90、プルトニウム同位体が含まれ、希ガスは事故当時の炉内蓄積量の全量、揮発性の放射性ヨウ素は約50〜60％、セシウムは33％、比較的揮発しにくいストロンチウムが４％、燃料粒子を含むジルコニウム95、モリブデン99やプルトニウム同位体等の難揮発性の核種は約１・５％が放出されたと推定されています。

したがって、福島第一事故で大気中に放出されたヨウ素131とセシウム137の推定放出量の平均的な値は、チェルノブイリ事故と比較して、それぞれ、約18分の１から４分の１、約14分の１から４分の１と考えられます。福島の事故で放出された核種のうち公衆の被ばくを考えるうえで重要なのは、この２核種と、セシウム137と同程度放出されたと考えられるセシウム134のほか、キセノン133を代表とする希ガス、およびテルル132を代表とするテルル類です。

このほか、例えば、高崎にある包括的核実験禁止条約機構（ＣＴＢＴＯ）放射性核種探知観測所では、亜鉛65、ニオブ95、モリブデン99、テクネチウム99、テルル129、バリウム140、ランタン140、プラセオジウム144なども計測されています。また、ストロンチウム、プルトニウム

＊1エクサは1ペタの1000倍＝10,000,000兆

など、ヨウ素やセシウムに比べ揮発しにくい核種も土壌中に存在しているのですが、量的には非常に少なく、プルトニウム同位体3核種（238・239・240）を合計して放出は1ギガ*ベクレルという評価があります。チェルノブイリ事故では、揮発しにくい核種であるジルコニウム95、ニオブ95、モリブデン99、セリウム141・144、プルトニウム238・239・240・241・242、アメリシウム241・243等は、ウラン燃料の破片として水蒸気爆発や水素爆発で大きく吹き上げられ、その後、直接、燃料粒子として原発周辺に降下しました。したがって、チェルノブイリ事故と福島第一事故では大きく放出の様相が異なっています。

＊1ギガは10億

(2) 海洋への放出

つづいて海洋への放出を見ていきます。

福島第一原発から海洋へは、直接あるいは間接に放射性物質が流入しました。まず直接的な流入ですが、少なくとも2011年4月2日に2号機外のトレンチから高濃度の汚染水の流入が確認されています。また、トレンチに残留している高濃度の汚染水を移して貯留するため、緊急にタンクを空ける必要があるという事故対策上の決断から、貯留タンクに事故前からあった低濃度の汚染水を意図的に放出しました（2011年4月4日開始）。その後、何回か海洋への直接の流入がありましたが、これらは最初の1か月の量に比べれば十分小さい量です。

間接的な流入には、次の2つの経路が考えられます。①大気中に放出された放射性物質が海洋に降下し直接沈着した、②陸上にいったん沈着した放射性物質が雨により地表面から流されて河川に流入し、さらに海洋に到達した、という経路です。UNSCEAR2013報告では、様々な文献を精査し、セシウム137の直接放出は3~6ペタベクレル、ヨウ素131はその3倍と推定しました。間接経路、すなわち大気中に放出されてから太平洋上に降下して沈着した量は、セシウム137が5~8ペタベクレル、ヨウ素131は60~100ペタベクレルと推定されています。ヨウ素、セシウム以外の核種も直接に海洋に放出されました。ストロンチウムやプルトニウムが海水や海底土から検出されています。ストロンチウム90の直接放出量は、0・04~1ペタベクレルという推定値があります。

(3) まとめ

福島第一事故において、人体への放射線影響を考える上で重要な放射性核種はヨウ素131とセシウム137です。この2つの核種について様々な学術文献を吟味し、UNSCEARが環境への放出量をまとめました（**表2・1**）。表には1号機から3号機の停止時における炉内蓄積量（インベントリ）も示してあります。ただし、これらの推定値は大きな不確かさを含んでいると考えなくてはなりません。これは大規模事故の影響評価では常に言えることで、そのためチェル

表2.1　福島第一事故による放射性核種の放出量推定（UNSCEAR 2013）

放射性核種	1-3号停止時の炉内蓄積量〔PBq〕	大気への放出〔PBq〕	海洋への放出〔PBq〕	
			直接	間接
I-131	6000	100–500	10–20	60–100
Cs-137	700	6–20	3–6	5–8

ノブイリ事故も何十年もかけてより精密なデータ検証が続けられています。

放射性物質の沈着分布

大気中に放出された放射性物質は、前項（1）・（2）で見たように事故初期の2011年3月中に放出時の気象条件によって陸域や海洋に沈着しました。汚染状況を把握するため、文部科学省を中心として政府の原子力災害対策本部の決定により、福島第一原発からおよそ半径100km内において土壌採取分析と空間線量率の測定が行われました。セシウムを中心に見ていきましょう。

(1) セシウムの土壌濃度

セシウム134と137の測定ではゲルマニウム半導体検出器を用いて、約2200の調査箇所で採取された土壌試料約11000試料を対象に核種分析を行い、その結果をもとに、放射性セシウムの土壌濃度マップが作成されました。**図2・3**は、第1期調査の最終日であ

＊表2.1　元素 I（ヨウ素）、Cs（セシウム）。単位 PBq（ペタベクレル）

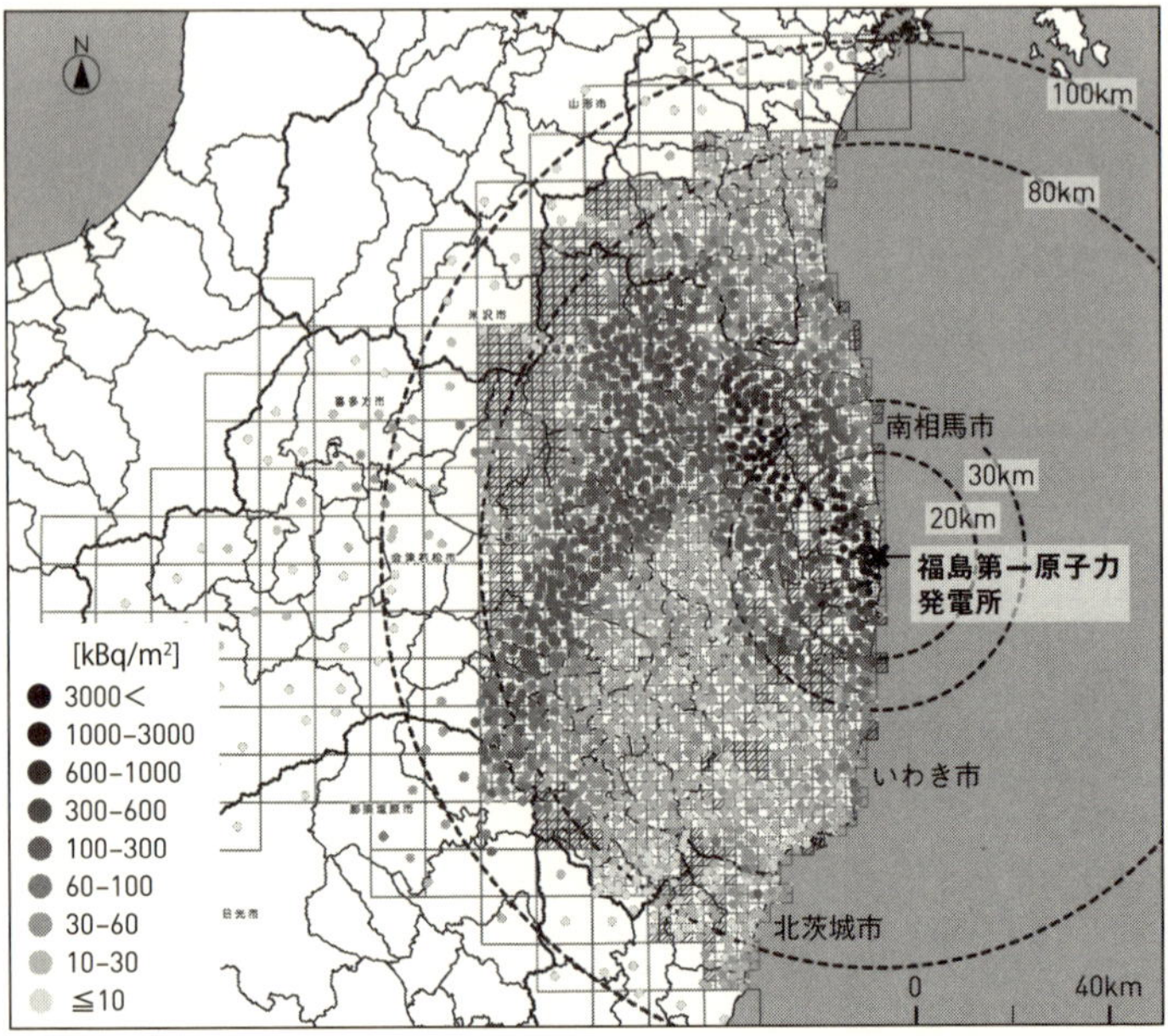

図2.3　セシウム137の土壌濃度分布（出典：文部科学省／農林水産省，2012）

る２０１１年６月14日時点の放射能濃度に換算したセシウム137の土壌濃度分布です。土壌１㎡あたりの沈着量について、10キロベクレル／㎡以下から３０００キロベクレル／㎡を超える範囲まで、９段階に分けて色別に示されています（カラーは**口絵**②参照）。福島第一原子力発電所サイトから北西方向に30㎞圏外まで１０００キロベクレル／㎡の高濃度の沈着が見られます。主に３月15日の放出と降雨による湿性沈着の影響によるものです。

なお、この時点でのセシウム137に対するセシウム134の比は０・９２で、セシウム137と同様の分布をしています。ですから、２０１１年６月14日時点でのセシウム134については、土壌濃度分布は**図２・３**と同様、その濃度はセシウム137の濃度に０・９２をかけた値、となります。

（２）プルトニウムとストロンチウムの土壌濃度

アルファ線放出核種であるプルトニウム238、プルトニウム239＋240については、土壌試料１００試料について放射化学分析が実施されました。この測定時点におけるプルトニウム238の最大値は４・０ベクレル／㎡、プルトニウム239＋240の最大値は15ベクレル／㎡で、セシウムの最大値の約百万分の一でした。この放射能濃度は、過去の大気圏内核実験の影響と比べると、長年の観測記録の範囲内に入るレベルです（大気圏内核実験の影響は、最大濃度で、プルトニウム238が８・０ベクレル／㎡、プルトニウム239＋240が２２０ベクレル／㎡でした）。

また、ストロンチウム90についても、１００の土壌試料について分析がなされました。この測定時点における最大値は５７００ベクレル／㎡でセシウム137の最大値のほぼ千分の一でした。

チェルノブイリ事故の汚染分布

チェルノブイリ事故における放射性物質の放出と沈着についても整理しておきましょう。チェルノブイリ事故では、壊れた原子炉からの放射性物質の放出は10日間続きました。放出期間

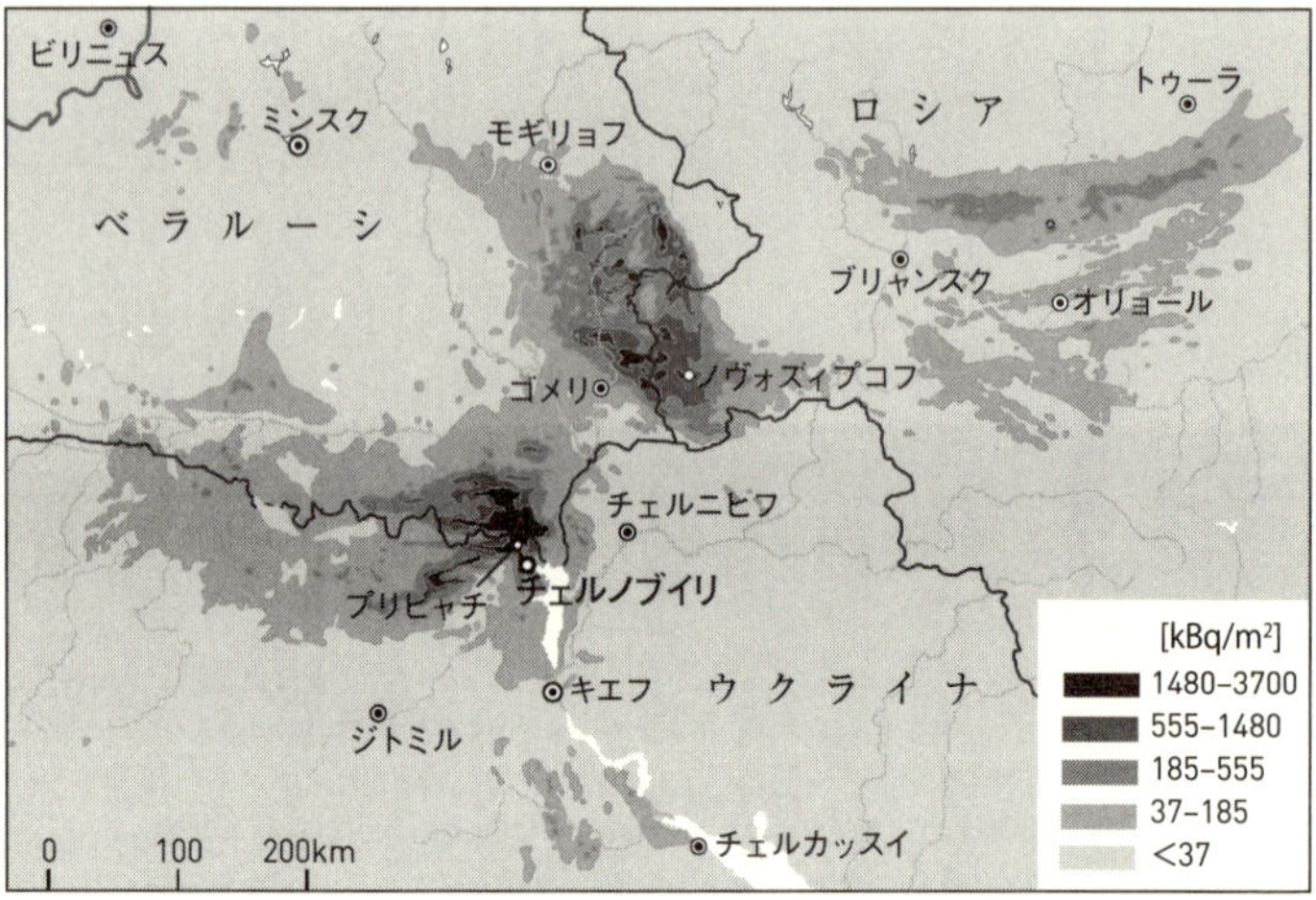

図2.4　ベラルーシ、ウクライナ、ロシア3国におけるセシウム137の地表面沈着分布　（出典：IAEA, The International Chernobyl Project, 1991）

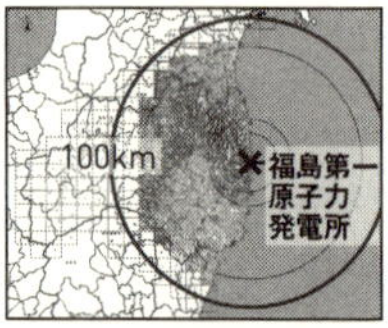

**同縮尺の図2.3
日本におけるセシウム
137の土壌濃度分布**

中の気象条件によって、放出物質の大気中拡散・沈着は大きく変動したため、環境汚染分布はきわめて複雑となっています。

事故から1日半ぐらいまでは、放出物質は最大高さ3㎞ぐらいまでの大気中に吹き上げられていました。これが幸いして、多量の放射性物質の放出にもかかわらず、発電所近傍における公衆は重度の初期被ばくをまぬがれ、重篤な放射線影響が発生しなかったと考えられています。ここで、最初に吹き上げられた放射性物質は、上空の毎秒5〜10mの風で北西に運ばれ、スカンジナビアで観測されることになります。放出された放射性物質の沈着分布はきわめて複雑で、汚染プルーム通過時の降雨が強く影響しています。

図2・4に、ベラルーシ、ウクライナ、ロシア3国におけるセシウム137の沈着分布を示しておきます。チェルノブイリ北北東のベラルーシ、北東のロシア・ブリャンスク地方に高い汚染が見られます（カラーは**口絵③**参照）。降雨の影響によるものです。セシウム137の土壌沈着で37キロベクレル／㎡（1キュリー*／㎢）という濃度は、欧州における核実験フォールアウトレベルの約10倍で、事故後1年間の線量がおおよそ1ミリシーベルトに相当するレベルです（このセシウム137の濃度と線量レベルの関係は、チェルノブイリ事故の経験則からわかったことでした。37キロベクレル／㎡の汚染レベルの地表面に1年間居つづける場合の外部被ばくとおおよそ同等の内部被ばくを考慮すると、実効線量で年間1ミリシーベルト強となったのです）。

＊放射能の単位。1キュリー＝370億ベクレル

2.2 被ばく経路

事故後のおもな被ばく経路

原子炉事故で環境中に放出された放射性物質はさまざまな経路で人に被ばくをもたらします。おもな経路は5つあります。①放射性プルームの通過に伴う外部被ばく、②放射性プルームの通過中の吸入による内部被ばく、③地表にあるもの（土壌・植物・建物などの表面）に沈着した放射性物質からの外部被ばく、④地表にあるものに沈着後、舞い上がった粉塵に付着した放射性物質の吸入による内部被ばく、⑤放射性物質に汚染された食物や飲料水の摂取による内部被ばく、です（図2・5）。

①と②の経路は、事故直後に放射性物質が環境中に放出されているあいだだけ被ばくをもたらしますが、③から⑤の経路は事故後、放射性物質が環境中に存在する限り長期にわたって被ばくをもたらします。

外部被ばく
放射線を身体の外部から受けること。透過力の大きいX線、ガンマ線、中性子線は身体組織全体に影響を与えるが、ベータ線は透過力が小さく、皮膚と眼球への影響が主である。

内部被ばく
体内に取り込まれた放射性物質による被ばく。体内被ばくともいう。放射性物質が体内に入る経路は、呼吸・飲食を通じて、の2通り。

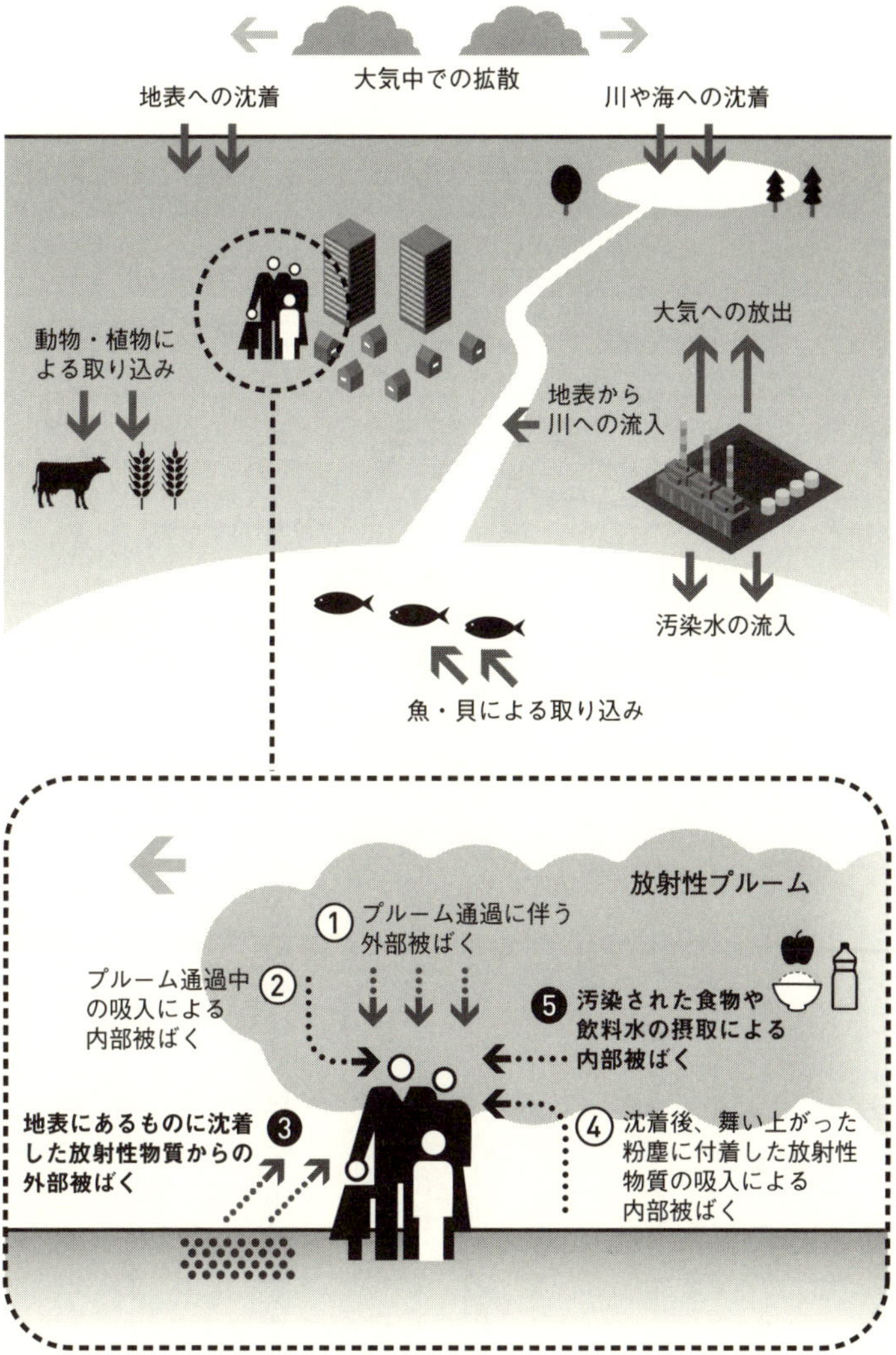

図2.5　環境中に放出された放射性物質による人への被ばく経路

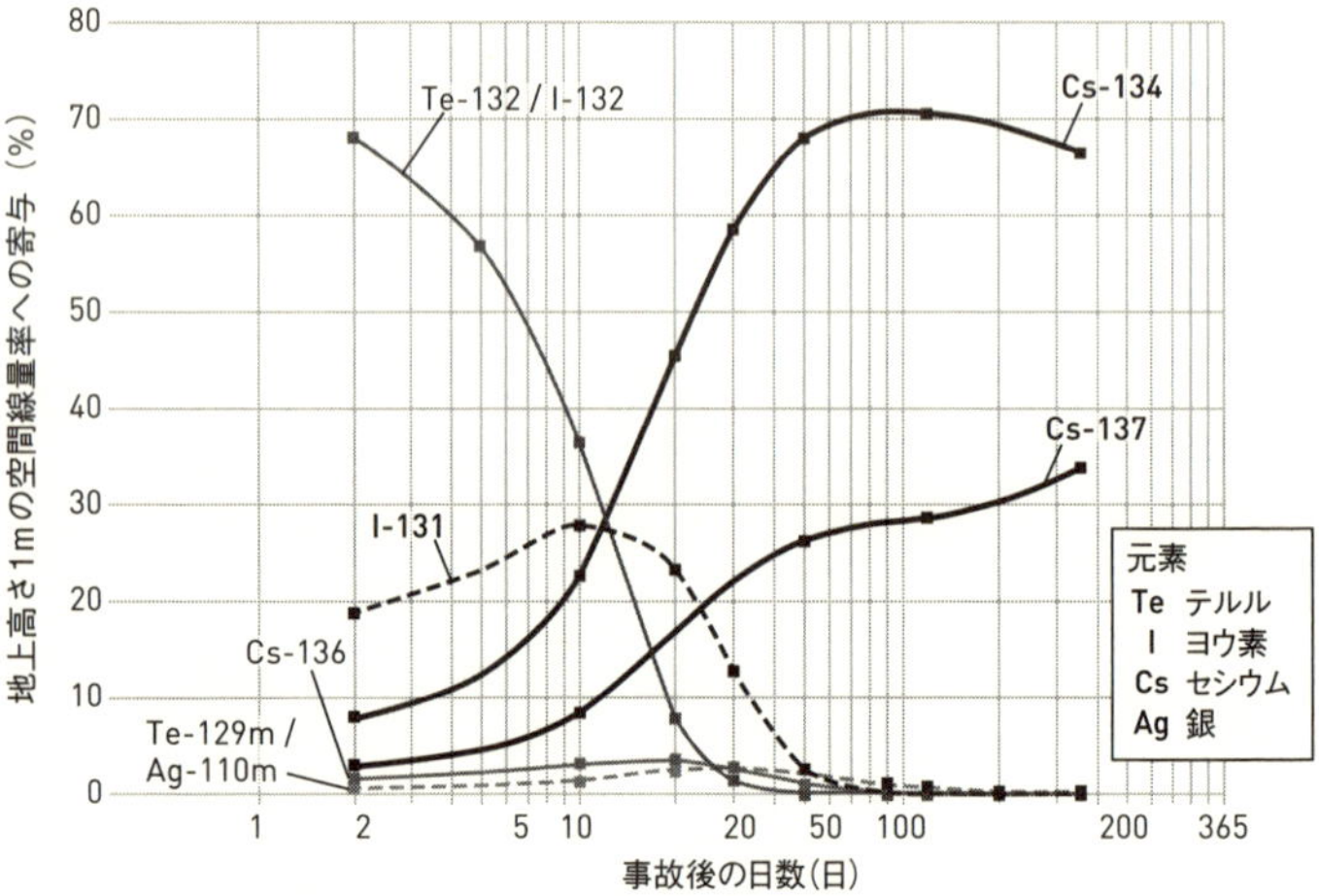

図2.6　事故後の最初の1年における、地上高さ1m での空間線量率へのさまざまな放射性核種の相対的割合（%）
（出典：UNSCEAR 2013）

汚染された地域の日常生活では、特に③と⑤の経路による被ばくの割合が大きくなります。この2つの経路をくわしく見ていきましょう。

日常生活の被ばく経路——外部被ばく

被ばく経路③、地表にあるものに沈着した放射性物質からの外部被ばくです。これは、事故前からあった大地の放射線に追加される外部被ばくの主要経路です。土壌や植物、建物の外壁・屋根などの表面に事故で放出された放射性物質は沈着します。中でも、もっとも表面積が大きいのは土壌、すなわち地表面ですので、これが注意すべき線源となります。地表面に沈着した放射性核種から出るガンマ線は「空間線量率」

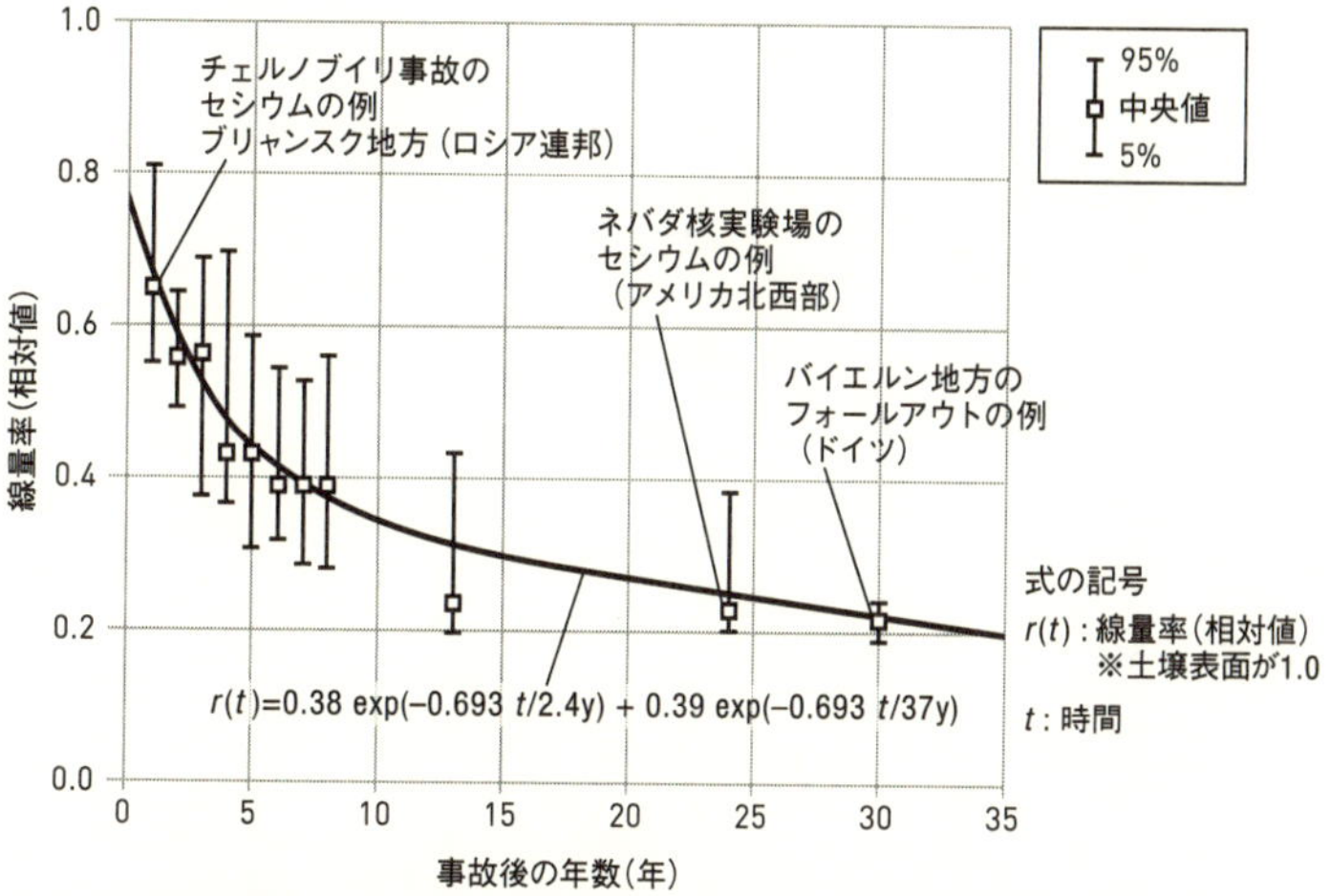

図2.7　土壌表面から土壌中への移行によるセシウム137ガンマ線空間線量率の減衰（土壌を耕さない場合）。
（出典：Goligov et al., *Radiat. Environ. Biophys.* 41, 2002）

で測定します。「空間線量率」は検出される放射線の強さを時間あたりの量で表したもので、それぞれの場所で測定した放射性核種の沈着密度（ベクレル／㎡）から経時的に推定できます。

福島第一事故で放出された放射性核種では、最初の1年のうちに**図2・6**のような空間線量率の推移がありました。沈着直後はテルル132とテルルからできるヨウ素132、それにヨウ素131の占める割合が大きかったのですが、これらの核種は半減期が短いので時間の経過とともに消えてしまい、セシウム134（半減期2・1年）とセシウム137（半減期30年）の占める割合が圧倒的になっています。

では、残ったセシウムはどうなったので

しょうか？　いったん、地表面に沈着したセシウム134やセシウム137は、降雨によって洗い流されて河川へ流入し、また一部は土壌粒子に結合し、一部は土壌深部へ浸透し地表面からなくなります。こういった自然要因による放射性物質の減衰効果を「ウェザリング」と呼びますが、このウェザリング効果によって地表の空間線量率は放射性壊変による減少よりも早く低減していきます。

このあと、空間線量率は時間とともにどのように低減していくのでしょうか？　チェルノブイリ事故による外部ガンマ線線量率の変化を追った長年の研究があります。チェルノブイリ事故では、セシウム137のガンマ線線量率は、全体の40〜50％は1・5〜2・5年で半減し、残り50〜60％は40〜50年で半減するという2つの成分で記述できるとして線量評価に用いられました（**図2・7**）。この図を見るとき、線量率は相対単位で示されていることに注意してください。セシウム137が土壌表面に留まっているとした場合が1・0で、そのときの比率で考えています。土壌中深部への移行が進むと、土壌そのものによる遮蔽効果が高まり、これも地表の空間線量率の低減につながります。

この環境中の半減期は土壌の種類によって変わるものですので、日本の土壌にそのまま当てはめられるものではありませんが、事故から10年で大きく低減していく傾向は今後を予想する参考となるでしょう。

日常生活の被ばく経路――内部被ばく

被ばく経路⑤、汚染した食物や水の摂取による内部被ばくです。この経路は、やはり事故直後から長期的に考える必要があります。事故による汚染は、水、米、野菜、果物、乳、肉や魚に生じる可能性があります（本項は5・1節も参照）。汚染が生じる経路を知ること、そして自然界にもともとあった放射性物質（カリウム40など）を含む食品について知ることが大切です。

●水　日常の生活用水である「水道水」から見ていきます。放射性物質の大気中への放出があっても、上水道システムを通じた移行は、雨水や未処理の表流水源（河川の表面を流れる水）をそのまま飲用に用いないかぎり緊急時対応の優先度は低い、とこれまで考えられてきました。しかしながら、福島第一原発の事故ではそれに反する現象が生じました。表流水を水質処理して利用する水道事業者において3月16日には比較的高濃度の放射性ヨウ素が検出され、同21日には飯舘村で乳児・成人の水道水摂取制限が、その後、関東の各地で乳児の摂取制限が行われ、東京では同24日に24万本のペットボトルが配布され、社会問題となりました。

この現象は、なぜ起きたのでしょうか。放出より短時日のうちに降雨があり、地表に沈着していた放射性ヨウ素と、降雨時に降下した放射性ヨウ素が、雨水とともに短期間で河川に流出し、その河川水が水道原水の取水口に流入しました。放射性ヨウ素は、その化学形態（有機態ヨウ素、ヨウ化物イオン）により水質処理における凝集沈殿処理の効果が見られず、水道水に検出されやすい元素です。そのため生じた現象であると考えられています。しかし、半減期が短いため、急速に低減し、4月にはほとんど検出されなくなりました。

一方、放射性セシウムは大部分が表層土壌に吸着されていて、一部が濁質成分に付着して流出しても、浄水場の処理によって除去され、そのため摂取制限指標値を超えた放射性セシウムは検出されなかったと考えられています。

●米、野菜、果物　農作物の汚染は、直接経路と間接経路があります。直接経路は、事故直後の葉の表面への沈着です。放射性プルームの通過時に気体状の放射性ヨウ素や塵などに付いた粒子状の放射性ヨウ素、セシウムが直接沈着し、また降雨とともに沈着します。間接経路は、いったん土壌に沈着したあと植物の根などを通して取り込まれる経根吸収です。

葉の表面に沈着した放射性物質は、風や雨などの自然要因で葉から振り落とされる（これもウェザリング効果）ので、早い時点で除去されます。これまでのデータによると、粒子状物質の場合、2週間程度で半減するとわかっています。事故直後の、この直接経路を除くと、農作物の汚染は、それ以後、長期的には土壌からの経根吸収が主なものとなります（樹皮や葉面からの吸収の事例もあります）。

経根吸収では、問題となる元素、植物、土壌の種類、季節などにより、収穫時の作物への影

図2.8　米へのセシウム移行調査――水と土壌

a. 水の調査
① 用水取水量の観測
② 降水量の観測（黒いポットは気象モニタ）
③ カリウム肥料成分調整実験（リング内）
④ 水試料分析（セシウム濃度測定のための調整）

b. 土壌の調査
1 - 3 サンプリング（作付け前、田植え後、田植えから1か月後）
4 稲のセシウム濃度測定（取水口からの距離ごと）
5 坪刈り（9月）。玄米とワラの放射能を測定

（提供：新潟大学・吉川夏樹氏と原田直樹氏、福島大学・野川憲夫氏）

響が違います。根は土壌に含まれる水分に溶けている放射性核種を吸収するので、経根吸収は、その核種が土壌にくっ付いているか／土壌中の水分に溶けだしているかの割合と、土壌中の水分から根がどのくらい吸収するか、の2つの過程が重要になります（図2・8は調査の様子）。セシウムは強く土壌に保持され、農作物への移行はストロンチウムより小さい傾向があります（チェルノブイリ事故で見られた傾向です。福島第一事故では、ストロンチウムの沈着自体が問題となるレベルではありませんでした）。また、土壌の種類により、放射性核種を保持する力も異なります。土壌に含まれる粘土鉱物の中には、セシウムを閉じ込めるのにちょうどよい大きさの穴を持つものがあり、沈着した放射性セシウムの70％が粘土鉱物に強く保持されるという研究報告もあります。農作物がセシウムを取り込むメカニズムは、土壌と土壌中の有機物の特性、微生物の作用で変化するため、とても複雑です。セシウムの根による吸収は、セシウムと同族元素（アルカリ金属）であるカリウムと同じルートと考えられ、一般にカリウムの少ない土壌ではセシウムの取り込みが促進されます。ですから逆に、カリウム肥料によるセシウム吸収抑制効果が期待できます。

農作物中の放射性物質の濃度を推定するには、土壌中の濃度に対する収穫時の農作物中の濃度の比である「移行係数」を用いますが、国内外でデータベースが整備されています。

• 乳と肉　動物への移行は、動物の種類と生育環境（飼育か野生か）によって餌とするものや代謝が違い、問題となる放射性物質と取り込みはさまざまに違ってきます。基本的には生育時の餌と水に注意します。天然の鳥獣や魚は、生態系の食物連鎖を考えることも必要です。

牛乳については、チェルノブイリ事故の教訓があります。このときは、汚染された牧草を食んだ牛の乳に放射性ヨウ素が移行しましたが、ソ連では国の対策が遅れ、チェルノブイリ周辺の村落では子どもたちが汚染した牛乳を長いあいだ飲みつづけていました。これが、子どもたちに高い甲状腺被ばくをもたらした一番の原因と考えられています。

一方、ノルウェイや英国では、飼料にセシウム結合剤を混ぜて代謝を促す、殺処分前に汚染の少ない牧草地に羊を移すなど、汚染の移行を克服する畜産農家の工夫で効果がありました。

●魚　福島第一事故では、湖沼で採れる淡水系の魚、海洋低層で採れる魚の一部などに、高い濃度のセシウムが見られます。チェルノブイリ事故では、河川や比較的水の流入・流出の多い開放された湖沼では魚類中のセシウムの濃度は低く、入出水系路が限られた閉鎖的な湖沼は非常に汚染され、ウクライナ、ベラルーシ、ロシアで魚類中の濃度が高い地域が見られました。魚類への放射性物質の蓄積は、体内への取り込み量と排出量によって決まり、取り込みはエラや体表から・あるいは餌に依存し、排出は代謝や体サイズと関係するので、生育環境と生態系の理解が大切です。

放射性物質の魚や貝類への移行は、核実験による放射性降下物の影響として古くから研究されてきました。蓄積されやすい一部の放射性物質について、海水中の濃度に対する海産生物中の濃度の比として「濃縮係数」のデータベースが整備されています（原子力施設の通常運転時に海に放出される放射性物質が、海産生物を通して人に取り込まれる影響を評価するために用いられてきました）。

●森林や山地の動植物

チェルノブイリ事故後では、特にセシウムの高い取り込みが見られました。森林生態系のなかで放射性セシウムの循環が続き、森林の食物、キノコ類、野いちごや野生鳥獣類に高い濃度のセシウム137が検出され、高いレベルが数年以上にわたって続きました。福島第一事故でも、キノコ類や山菜、イノシシなどに高い濃度のものが出ています（5・1節参照）。

また、チェルノブイリ事故では、トナカイの餌となるコケが汚染され、コケを通して放射性セシウムがトナカイに移行して、事故後長期にわたって北欧地域のトナカイ肉にかなりの汚染を及ぼしました。トナカイが生活と食文化の中心であるサーミ人（スカンジナビア半島北部からコラ半島に至る地域で暮らす先住民族）にとって重大な問題となりました。

これらの経路を考慮して、福島の事故の直後から、わが国では食品検査と出荷規制の体制が導入され、機能しています。現在、市場で流通している食材は、検査済で国の基準を満たしたものです。日常の食生活では、家庭菜園や自分用に山林で採取したものを食べることもありますが、こうした流通検査体制の外にあるものについては個別に検査すればよいようになっています。食品の管理については5・2節でくわしく扱います。

2.3 被ばくの特性

原子力事故の被災地域の生活では、前項でお話ししたように、地表面に沈着した放射性物質からの外部被ばくと、飲食物中に移行した放射性物質の体内への取り込みによる内部被ばくという2つの経路からの被ばくを主として考えなければなりません。

ここで知っておきたいのが、事故後の状況に共通した被ばくの特性です。外部被ばくも内部被ばくもかなり個人差があり、平均値で考えるのは適切でないことが多いのです。隣接する地域で、同じ地域に住む家族のあいだで、あるいは家族の内でさえ、大きな差が生じることが過去の経験からわかっています。これは、日々の暮らしが個人の行動で左右されるためです。その例を見ましょう。

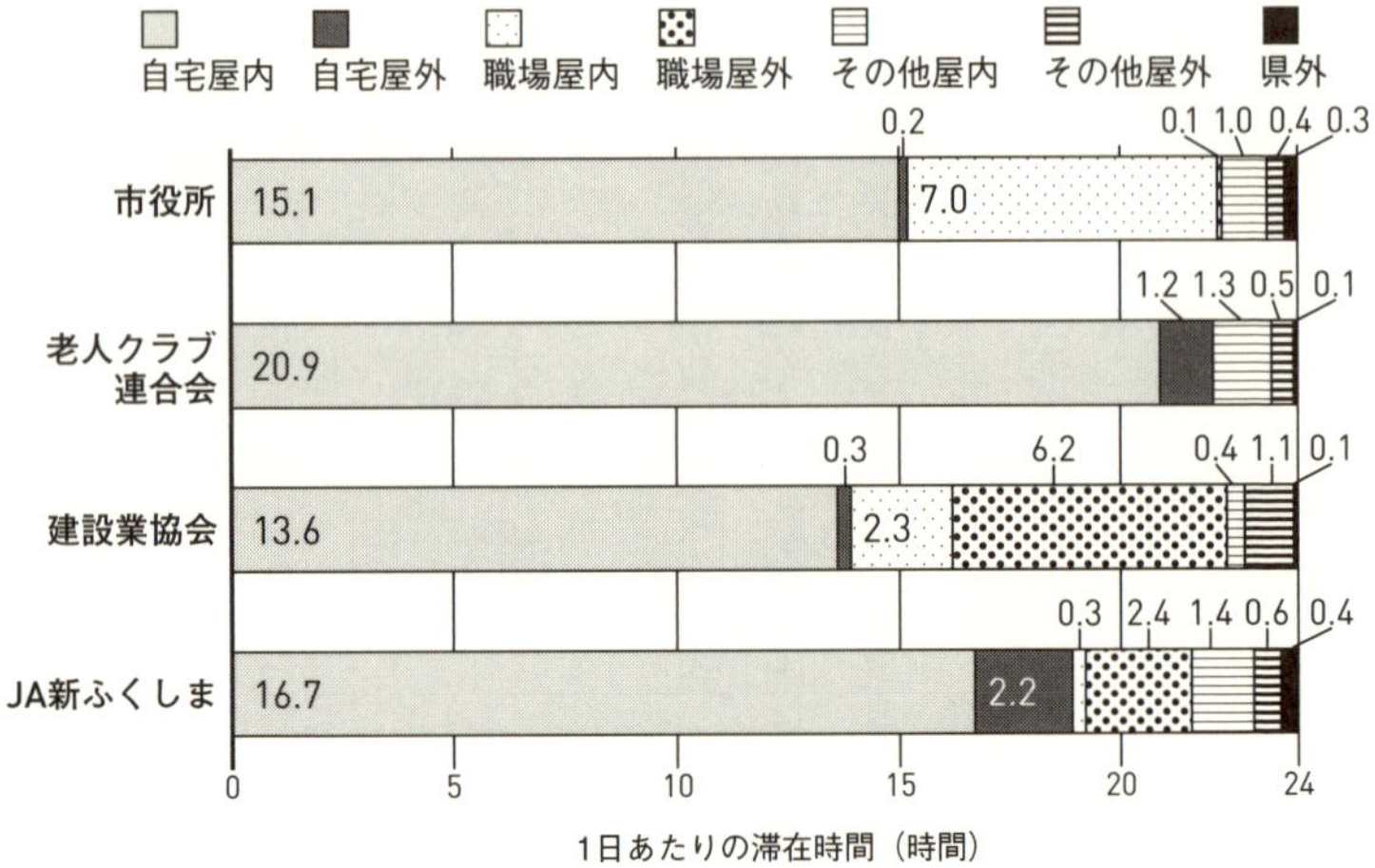

図2.9　1日あたりの各場所で過ごす時間の平均値（2012年2月）
（出典：Takahara et al., *Health Physics*, 107, 2014）

外部被ばくの個人差

外部被ばくをもたらす環境中の放射性物質の分布は場所によって大きく違います。それで、ある人が・どの場所（職場や住居）に・どれくらい長く留まっているかで、その人の受ける線量の範囲が決まります。「場所」が受ける放射線量率の大きさを決め、「滞在時間」（そこで過ごす時間）が累積の放射線量を決めます。

職業や仕事の種類によって、受ける線量はどのくらい変わるものでしょうか？

ある調査を紹介します。福島市を中心として、４つのグループ（市役所、老人クラブ連合会、建設業協会、ＪＡ新ふくしま）の調査協力者２３８名が、ポケット線量計をつけて個人線量の測定をしました。同時に、自宅／職場や他の屋内／屋外での生活行動時間を記録しました（Takahara et al., 2014）。

図2・9の滞在時間を見ると、4グループとも、自宅屋内で過ごす時間が最も長いですが、市役所と老人クラブ連合会のグループに比べ、建設業協会とJA新ふくしまのグループは自宅屋外と職場屋外で過ごす時間が長いことがわかります。

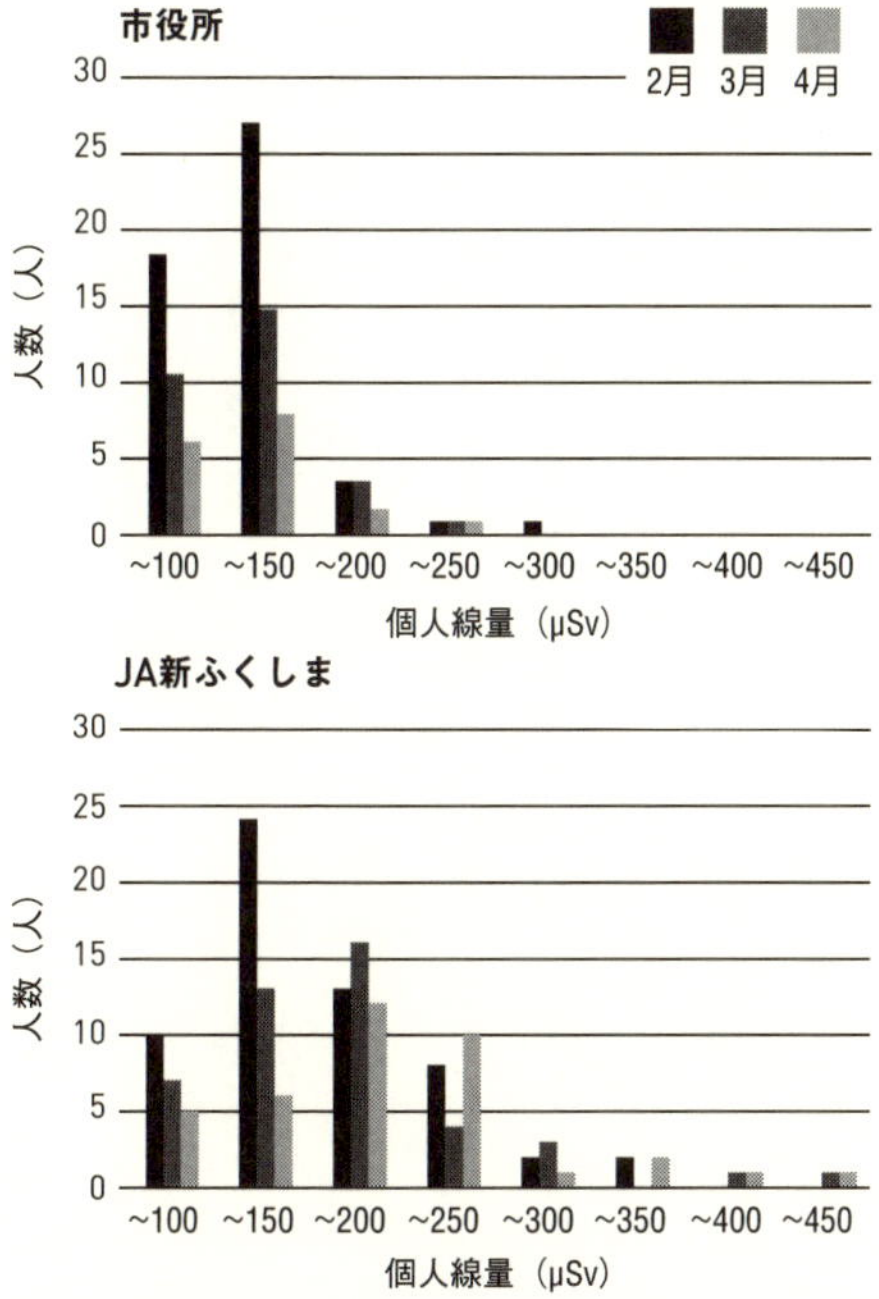

図2.10　各グループの個人線量測定値の分布
（2012年2月から4月）
（出典：Takahara et al., *Health Physics*, 107, 2014）

図2・10の個人線量測定の分布を見ると、市役所のグループのように自宅と職場の「屋内」で過ごす時間が大きいグループに比べ、JA新ふくしまのグループのように「屋外」での農作業の時間が長く、かつ働く環境がそれぞれ違うグループは、働く環境の空間線量

率の違いが反映して、測定された個人線量が広い範囲に分布しています。このように、外部被ばくによる個人の線量には、生活の場所とそこで過ごす時間の長さが大きく影響することがわかります。

内部被ばくの個人差

日々の飲食から放射性物質をどれだけ取り込むかには、個人の食習慣が大きくかかわります。食習慣では、その国や地域・民族の食文化によって多く食べるもの（たとえば、日本では米）、ある年齢層が多く摂るもの（たとえば、乳幼児のミルク）、食材の入手法（流通市場で購入するか・自家栽培や自然採取が中心か）、ある食材を個人の好みで多く食べるかどうかが、主な着眼点となります。

もちろん、汚染された食材の出荷制限や摂取制限という対策の実施とその効果によって、汚染された地域に住む住民全体の被ばくも大きく影響されます。チェルノブイリ事故による小児の甲状腺がんの多発は、事故の早い段階で牛乳の摂取禁止が徹底されなかったためです。放射性ヨウ素で汚染された牛乳を長く飲みつづけたことが高い甲状腺線量の主要因と考えられています（チェルノブイリ事故では、牛乳摂取禁止の対策は、集団農場に対しては事故発生から2～3日後に実施されました。しかし、個人経営の農場には対策が伝達されず、チェルノブイリ周辺の田舎の村落では牛乳摂取禁止が遅れたのです）。

長期的に見ると、チェルノブイリ事故や福島第一事故で経験したように、森林生態系に長期間留まっているセシウム137が高いレベルで移行した一部のキノコ類や野イチゴ、イノシシなどの鳥獣類の肉、湖沼で採れる淡水系の魚、海洋低層で採れる一部の魚などに注意が必要です。これらの食材は、対策によって流通市場に出なくても、個人で採取して食べるときもあります。習慣的に摂取した場合は、体内への大きな取り込みが考えられるので、この経路からの被ばくも個人差が非常に大きなものになります。

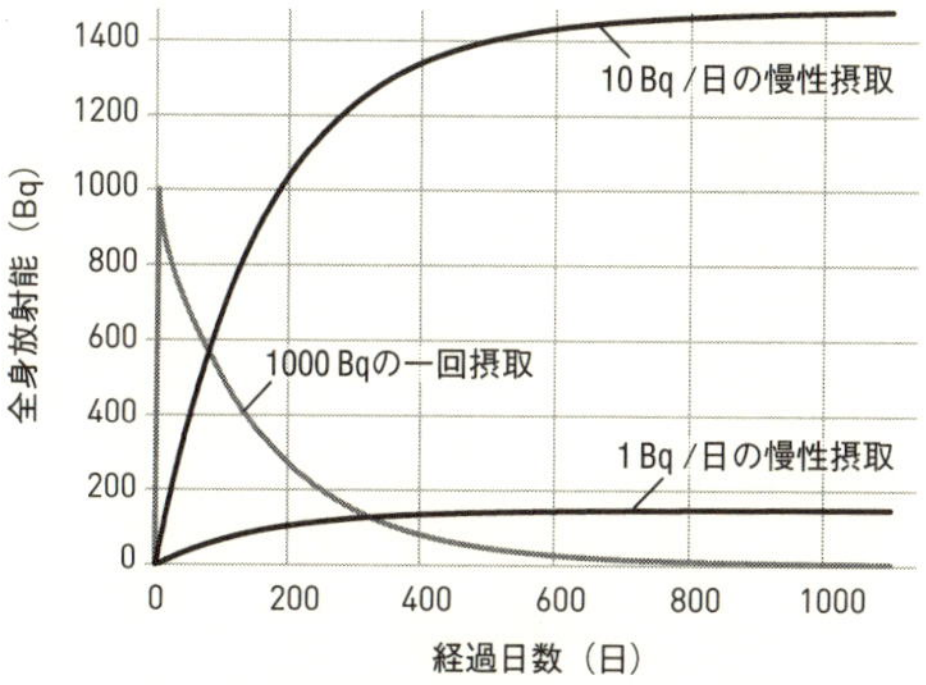

図2.11　セシウム137を3つの条件で摂取した場合の、成人の全身放射能の変化（ICRP Publ.111）

一回摂取と慢性摂取
――そのあとの体内の放射能は？

濃度が高い放射性物質を含む食品を摂取した場合、どのように体の内に留まるのでしょうか？

セシウム137を3つの条件で摂取した場合について、全身放射能の変化を示した図があります（**図2・11**）。

①1000ベクレルを一度に摂取（一回摂取）、②1ベクレルを1000日にわたり毎日摂取（慢性摂取）、③10ベクレルを1000日にわたり毎日摂取（慢性摂取）。①と②では総摂取量は同じですが、1000日後の全身放射能は大きく違っています。

放射性物質の濃度が高い食品を一度くらい食べても、日常的にそれが続くのでなければ、全身放射能は図のように下がっていきます。これは、時間とともに減衰する放射線の性質と日々の代謝や排泄によります。長期的な見地から食生活管理を続けるのに役立つ知識と思います。

2.4 個人被ばくの推定

福島第一原発の事故で住民がどの程度被ばくしたか、また、今後も含めると生涯どの程度被ばくするかという推定は、日本でも一部は行われていますが、世界保健機関（WHO）や国連科学委員会（UNSCEAR）が世界の専門家を集めて大規模に実施しています。このような試みはチェルノブイリ事故でも行われています。ここでは、最新のUNSCEAR2013報告の線量推定の概要を紹介しましょう。

UNSCEARとは

ＵＮＳＣＥＡＲは、正式には「原子放射線の影響に関する国連科学委員会」と呼ばれ、１９５５年に当時頻繁に実施されていた核実験による放射線がもたらす環境への影響と人間への健康影響を調査するために国連に設置された委員会です。ＵＮＳＣＥＡＲのミッションは、国連加盟国等から各国の自然放射線レベルと人工放射線レベルについて情報提供を受け、独自に情報収集も行って、放射線による人体影響や環境影響に関する科学的知見をまとめることです。人工放射線の調査対象の１つに核燃料サイクル施設があり、施設の平常運転時だけでなく事故による影響も調査の対象で、チェルノブイリ事故による放射線影響の報告もこれまで何回か行われてきました。

UNSCEAR 2013報告の線量推定から

ＵＮＳＣＥＡＲは国連総会に対して科学調査の結果を報告し、それがＵＮＳＣＥＡＲ報告書と呼ばれる文献となっています（この報告書のデータは、ＩＣＲＰのさまざまな検討のベースともなっています）。２０１３年の報告書では、付属書Ａに「２０１１年東日本大震災後の原子力事故による放射線被ばくのレベルと影響」と題した報告があります（２０１４年４月２日公表）。

福島第一原発事故の経時的推移を踏まえて、放射性核種の放出および拡散・沈着、公衆の被ばく線量評価、作業者の線量評価、健康影響、ヒト以外の生物の被ばく線量とリスク評価の各事項についてまとめられています。公衆の被ばくを中心に見ていきましょう。

(1) 線量推定の内容と対象

公衆の被ばく線量評価では、事故後1年間に公衆が受けた被ばく線量について、20歳の成人、10歳の小児、1歳の乳児を対象に実効線量(ミリシーベルト)と甲状腺吸収線量(ミリグレイ)が推定されました。また、事故後最初の10年間と、80歳に達するまでの生涯線量の推定も行っています。

公衆を、次の4つの地域のグループに区分しています。

1 (事故後数日から数か月の単位で)避難した福島県の地域
2 福島県のその他の地域
3 福島近隣県(宮城、栃木、群馬、茨城、岩手、千葉の各県)
4 その他の都道府県すべて

ただし、1の避難地域の公衆については、20㎞圏内の事故

実効線量
全身にわたる外部被ばくと内部被ばくの推定値の合計。全身の総リスクを考えて、線量の大小を比較するために実効線量が使用される。

甲状腺吸収線量
甲状腺が受けた放射線量の推定値。放射性ヨウ素は甲状腺に蓄積する性質があるため、甲状腺のリスクを評価する。放射性ヨウ素の場合、甲状腺吸収線量(mGy)と甲状腺等価線量(mSv)は同じ値。

直後に避難した住民と、計画的避難区域の住民に分けて、線量を別々に推定しています。

（2）線量推定に用いた方法

・外部被ばく　沈着した放射性物質による外部被ばく線量の推定に用いた方法は比較的確立されていて、チェルノブイリ事故の評価で用いたものと同じようなモデルです。地表面における放射性核種の沈着密度（ベクレル／㎡）の実測値を基本データとして、日本の建物の遮蔽効果など独自のパラメータを利用しています。

・内部被ばく　大気中の放射性核種の吸入による線量については、放射性核種の大気中濃度の実測値が十分でないため、事故で環境中に放出された放出量などを仮定し、大気拡散・沈着モデルから直接計算するか、またはそれと沈着密度の実測値を組み合わせて、放射性核種の大気中濃度を推定し、年齢別の呼吸率のデータを用いて体内に取り込まれた放射性核種の量を推定しています。放出量、大気拡散・沈着モデルの不確かさが大きいため、実測値を基にする外部被ばく線量の推定に比べ、推定の不確かさが大きくなっています。一方、飲食物の摂取からの線量は、飲食物中の放射性核種の実測値を基に、年齢別の食品摂取率のデータを用いて体内に取り込まれた量を推定しています。

（3） 推定結果の概要と不確かさの吟味

表2・4に、事故後1年間の各地域における成人と10歳児、1歳児に対する地区平均の実効線量と甲状腺の吸収線量の推定値の幅を示します。

表中の値は、地域1から3については地区として行政区画をとり、各行政区画の平均線量の幅であり、地域4については地区として都道府県の単位で平均線量の幅を示しています。

この推定について、UNSCEARは次のように不確かさを評価しています。

- 避難区域外では、特に地域2の福島県の場合、外部被ばくの推定に用いた沈着物質の測定値が県内を広くカバーしているので比較的に不確かさの程度も小さく、地区内の沈着物質の分布はその平均値の2分の1から2倍の範囲での変動があるので、地区平均の線量も同程度の不確かさがあり得る。
- 避難区域では、避難前と避難中は大気拡散・沈着モデルを用いて推計しているので、モデルが持つ不確かさを考慮すると、地区平均の線量はその4分の1から4倍、もしくは5分の1から5倍の範囲の不確かさがある。

表2・5に、事故後1年間の避難しなかった各地域における成人と1歳の乳児に対する地区平均の甲状腺吸収線量の被ばく経路別の推定値を示します。成人、1歳乳児とも食品摂取による内部被ばくがもたらす甲状腺吸収線量への寄与が大きく、例えば、地域2「避難区域外の福

表2.4　事故後1年間の実効線量と甲状腺吸収線量の地区平均推定値
（UNSCEAR 2013）

地域		実効線量〔mSv〕			甲状腺吸収線量〔mGy〕		
		成人	10歳児	1歳児	成人	10歳児	1歳児
1	福島県 予防的避難区域	1.1-5.7	1.3-7.3	1.6-9.3	7.2-34	12-58	15-82
1	福島県 計画的避難区域	4.8-9.3	5.4-10	7.1-13	16-35	27-58	47-83
2	福島県 避難区域以外	1.0-4.3	1.2-5.9	2.0-7.5	7.8-17	15-31	33-52
3	福島近隣県	0.2-1.4	0.2-2.0	0.3-2.5	0.6-5.1	1.3-9.1	2.7-15
4	その他 都道府県	0.1-0.3	0.1-0.4	0.2-0.5	0.5-0.9	1.2-1.8	2.6-3.3

3　福島近隣県（宮城、栃木、群馬、茨城、岩手、千葉）

島県」の1歳児の甲状腺吸収線量約50ミリシーベルトの3分の2は食品による寄与と推定されています。

飲食物の摂取からの線量は、飲食物中の放射性核種の実測値を基に推定したと書きましたが、食品中の放射性核種の濃度の測定値は、どこで栽培されたか、地表沈着のレベル、作物の栽培時期、土壌の種類によって大きなばらつきがあります。この推定について、UNSCEARは次のように不確かさを評価しています。

- 日本の場合、大多数の人はスーパーで食品を購入しているので、地域2の福島県、地域3の岩手を除く近隣県、および地域4のその他の都道府県で、それぞれの地域単位での食品中平均濃度を基にした方法は適切と考えられる。
- しかしながら、特に事故初期の測定は食物摂取

表2.5　事故後1年間の被ばく経路別に見た甲状腺吸収線量の地区平均推定値
（UNSCEAR 2013）

地域	成人〔mGy〕			1歳乳児〔mGy〕		
	外部＋吸入	食品摂取	合計	外部＋吸入	食品摂取	合計
2	0.1-9.6	7.8	7.8-17	0.2-19	33	33-52
3	0.1-3.0	0.5-2.1	0.6-5.1	0.2-5.8	2.6-9.4	2.7-15
4	0-0.4	0.5	0.5-0.9	0-0.8	2.6	2.6-3.3

2　福島県（避難区域以外）
3　福島近隣県（宮城、栃木、群馬、茨城、岩手、千葉）
4　その他都道府県すべて

制限を行うために高い濃度の食品の検出を大きな目的としていた。そのため、測定のサンプルがランダムでなく、使用した食品中平均濃度が過大評価であった可能性がある。

●多くの測定結果は検出限界より低く、その場合、「検出限界値を持つ」と仮定して計算した。このことも、食品経路の摂取線量を高めに評価した可能性がある。

●食品の流通・消費のパターンも不確かさの要因で、福島県で消費されている食物の25％が県内産であると仮定すると、食品摂取による線量の推定値は表に示した値（「地域2」食品摂取）の30％程度となる。

●実際、事故後の非常に限られた個人モニタリングの結果、すなわち小児の甲状腺のヨウ素131のスクリーニング結果と比較すると、甲状腺線量の推定値は、スクリーニングの実測値と比べ最大5倍高く、若干過大な評価となっている可能性がある。

（4）推定値をどう考えるか

ここまで、公衆の被ばくを中心に、ＵＮＳＣＥＡＲの推定の概要を紹介しました。このような影響の推定はチェルノブイリ事故などでも行われており、福島第一事故についても複数の機関が行っています。その結果を見るとき、常に念頭に置いておきたいことがあります。推定値の「不確かさ」とその理由を考える、ということです（A・2章も参照）。

大きな事故が起きれば対策が必要です。対策を考えるには事態の把握が必要です。緊急の推定評価が行われるのはそのようなときです。情報の少ない時期の線量評価には大きな不確かさが伴います。事故後、時間の経過とともに情報量も増え、より推定の精度も上がりますが、それでも事故直後の線量評価は不可欠なものです。

本項を参考に、このＵＮＳＣＥＡＲ２０１３の推定値をきっかけとして、推定値の見方について考えてみていただければと思います。

しかし、良く見るとこれもロングテールがあり、2013年でもテールの裾は年間5ミリシーベルト付近まで延びています。

これらのデータは、ロングテールの存在にも注意を払い、高い方の線量を下げる対策を優先的に行うことが重要であることを示しています。

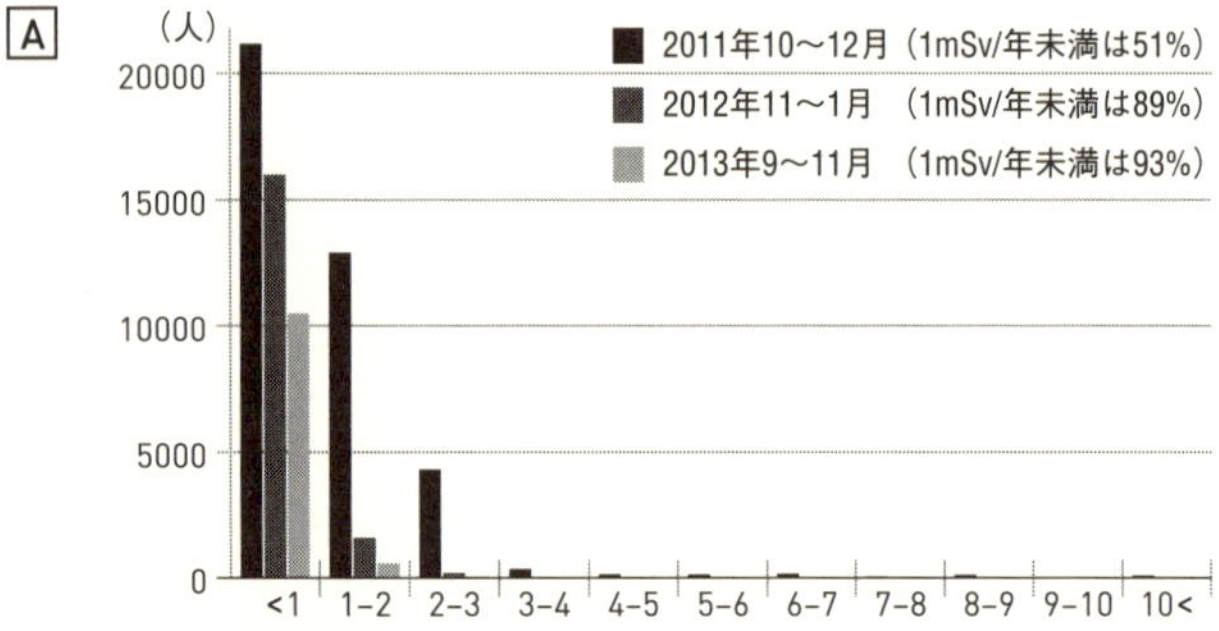

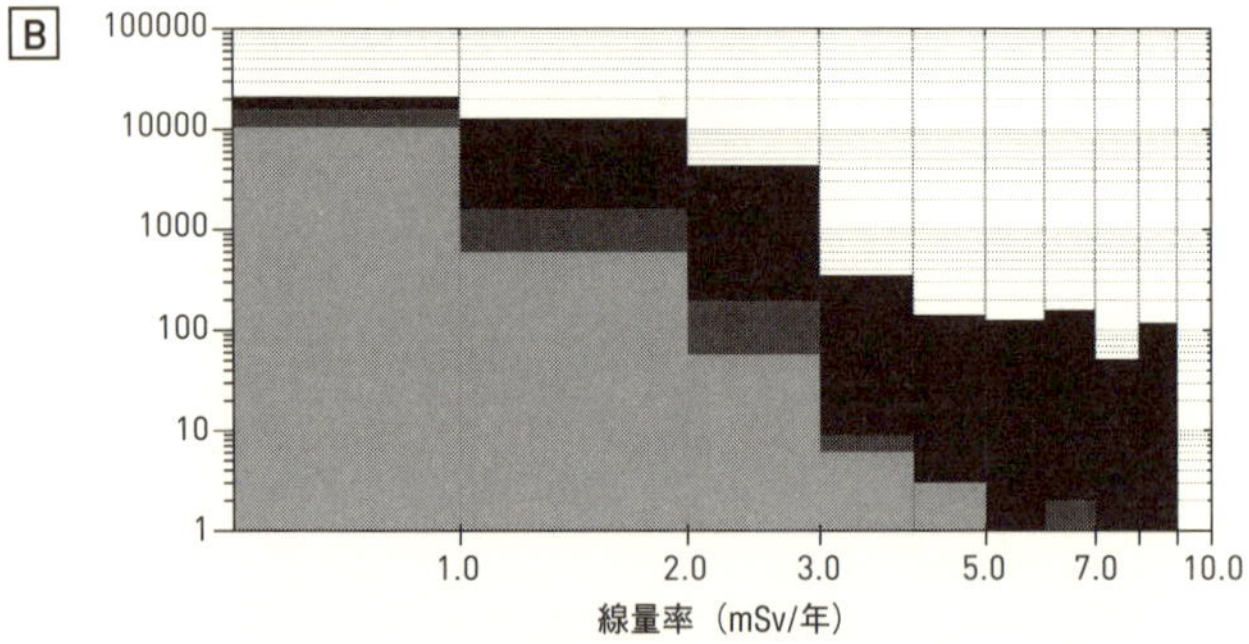

福島市の小中学生の個人線量計による実測値

グラフAとBは同じ内容を表現したもの。Bはロングテールがわかりやすい

column 1

福島のロングテール

事故直後は被ばく線量の実測値が限られていたため、UNSCEAR 2013報告書では、モデル計算を援用した被ばく線量の推計値が示されています。しかし2011年後半からは、外部被ばくは個人積算線量計、内部被ばくはホールボディカウンター（WBC）により、被ばく線量の実測が徐々に進み、住民の被ばく線量が、放射性セシウムによる土壌汚染度とチェルノブイリ事故での知見から推定された値よりも、かなり低いことが明らかになってきました。

特に放射性セシウムによる内部被ばくについては、初期被ばくの影響が無視できるようになった2012年以降、成人で90数％以上、子どもではほぼ100％がWBCの検出限界未満であり、平均的な被ばく線量は、多めに見積もっても、食品に含まれる自然放射性物質のカリウム40による線量（年間0.18ミリシーベルト）の10％未満であると示されています。これは、福島県内の食品の放射性物質濃度がきわめて低く保たれている結果と考えられます。

放射性セシウムが検出された方についても、大多数はカリウム40による線量を下回っています。しかし、線量分布を詳しく見ると、対数正規分布と呼ばれるかたちですが、人数はきわめて少ないながらも、年間1ミリシーベルトあたりまで、長い裾が続いています。これがすなわち「ロングテール」です。

それらの方々について原因を調べると、例外なく、野生鳥獣やキノコなど、出荷制限がかかっている食材を、検査せず頻繁に食べておられました。そして、ご本人にそれらの摂取を控えるように伝え、数か月後にWBC検査をすると、着実に体内セシウム量が下がったことが確認されています。

外部被ばくについても、右の図に示す福島市の例のように、2011年秋には約50％が年間1ミリシーベルトを超えていましたが、2013年秋には93％が年間1ミリシーベルト未満となっています。

2.5 被災した人たちの暮らし

被災地の状況――避難した地域と避難しなかった地域

２０１１年3月11日の福島第一原発事故後、放射線の被ばくを避けるためにさまざまな放射線防護の措置がとられました。次のような措置があります。

3月12日　福島第一原発20km圏内に対する避難指示
3月15日　同原発20～30km圏内に対する屋内退避の指示
3月25日　同原発20～30km圏内の屋内退避地域に対して自主避難の要請
4月22日　事故後1年間の積算で20ミリシーベルト以上の線量になると予測された地域に対して計画的避難指示
6月30日　事故後1年間の積算で20ミリシーベルト以上の線量になると予測された地点に対して特定避難勧奨地点の指定（この指定は２０１４年12月28日にはすべて解除）

このようにして福島では、海岸沿いの浜通り地域を中心に、避難指示と屋内退避指示が、それよりも内陸で計画的避難指示、その外で線量が高いいくつかの地点に対しては特定避難勧奨地点の指定など、放射線防護措置によって複雑に分断されました。なお、屋内退避の指示地域は、２０１１年4月22日に緊急時避難準備区域となり、これはさらに同年9月30日に解除されています。

福島県内の放射性セシウム137の土壌濃度は、前述の**図2・3**に示されています（20ページ参照）。この図から明らかですが、放射性セシウムの沈着量が大きい地域は福島県の太平洋側にある「浜通り」地域を、標高６００〜８００ｍの山々よりなる阿武隈山塊に沿って北西に延びています。そして、福島第一原発から北西40㎞のところで阿武隈山塊に侵入し、飯舘村に入っています。この放射性セシウムは、阿武隈山塊と奥羽山脈とで挟まれたいわゆる「中通り」を南北に沈着しましたが、２０００ｍ級の奥羽山脈が物理的に壁となったため、会津地域の土壌濃度は小さく放射線量はごく少ないものになっています。

このような放射線状況のなか、避難指示を受けた地域では、２０１４年に田村市の一部と川内村に対して避難指示解除がなされました。その他の多くの地域では、事故から約4年となる今日でも避難指示が出されたままです。実際に、２０１４年8月段階で、浪江、双葉、大熊などの浜通りや飯舘村では、空間線量率が毎時5マイクロシーベルト（従来の計算法で年間20ミリシーベルト）を大きく超える地域が残っています（福島県、２０１４-１）。一方、避難指示がなかった伊達、福島、二本松、郡山、須賀川、白河などの中通り地域と、浜通り地域のいわきでは、ごく一部に毎時1マイクロシーベルトを超える地域があるものの、多くは毎時0・25から0・5マイクロシーベルトの線量率に低下しています。

このような地域における日常生活で個人が受ける実効線量について、福島県内の各市町村で個人線量計による実測がなされています。それによると、2013年の福島市在住の中学生以下の子どもさんの93％は、環境中にもとからあった自然放射線に加わる、放射性セシウムによる追加の放射線被ばく量が年間1ミリシーベルトを下回っています。また、郡山市でも小学生の追加被ばく線量は、その98％が年間1ミリシーベルトを下回っています（4市勉強会、2014）。野外で働く時間が少ない多くの成人の住民についても、個人が受ける追加の実効線量は、年間1ミリシーベルト程度に収まる場合がほとんどです。とはいえ、これらの地域は、事故前の状態になったわけではありません。低いとはいえ、放射性セシウム由来の放射線が検出される中で生活しています。

では、避難をされた方たちや、避難をせずに住みつづけている方たちの暮らしでは、何が問題なのでしょうか。暮らしは一人ひとりで大きく異なるので、問題も個々の場合で違います。放射線事故後の放射線防護を考えるうえできわめて大切な福島における問題について、以下で考えたいと思います。

避難をした人々の暮らし

事故の次の日に政府から出された避難指示は、10万人余の人々に移動を求めるものでしたが、発令の2日後には、移動がほぼ完了しています（Hayano & Adachi, 2013）。この避難はたいへん急を要するものだったため、そのストレスで高齢の方がお亡くなりになりました（Nomura et al., 2013）。また、緊急避難で移動した後も、体育館などを利用した避難所での生活環境はきわめて劣悪なもので、高齢者を中心に死亡率が上昇しています（Tanigawa et al., 2012）。政府がとった避難措置の中で、計画的避難の指示は事故後1か月余の4月22日に出されました。これは事故後1年間の積算で20ミリシーベルト以上が見込まれる地域に対しての指示でしたが、避難までに少し余裕があったので、飯舘村などでは高齢者に対して対応を取ることができました。

避難指示を受けて避難された方たちと、お子さんの健康への影響などいろいろな理由で自主避難された方たちの２０１４年8月段階での総数は、約12・6万人。そのうち約4・5万人は、県外への避難です（福島県、２０１４-2）。避難措置は、高線量の放射線を避けるための緊急措置なので、ＩＣＲＰは数週間程度の短期間で帰還することを前提としています。しかし、線量が比較的低かった田村市都路地区でも避難解除となったのは、事故から3年経った２０１４年4月でした。そして解除後に帰還された方は地区住民の半分。多くの地域では、事故後3年を過ぎても避難解除がままならない状況となっています。

避難者が日常生活で受ける線量は、避難先の放射線状況で変わってきます。県内避難者で、例えば福島市にお住まいの方は、福島市民と同様の線量を受けますが、その場合、福島市民と同様の問題に直面します。すなわち、避難指示がない地域でも放射線のレベルは通常よりは高いので、放射線が心配な方も出て当然です。また、避難指示を受けた地域からの避難者は補償金が出るわけですが、避難者を受け入れている地域の方たちには出ません。そのため避難者と受け入れる市町村の住民との間に溝ができます。さらに避難場所が仮設住宅の場合は居住環境として劣悪で、薄い壁を通して聞こえる隣人の物音に神経をすり減らすといった生活になります。避難はもともと長くても数か月を前提にした緊急措置ですが、避難生活がすでに4年近く続いているので、避難先で仕事も得るし、子どもは避難先の学校で良い友人に恵まれたりすることで、帰還という選択は、何とも困難なものになります。

ただ、県内で故郷と避難先との距離が短い場合、避難者は時々自宅に戻り、故郷の放射線状況を実感として感じることができます。しかし県外で、しかもそれが遠距離の避難である場合には、伝え聞くだけで、故郷の放射線状況に自ら接する機会がなく、ご自分の時計が事故時で止まっているという状況になります。この場合には、福島と放射線に対する恐怖をもちつづけ、その方にとっては「非日常」の状況が固定化することになります。

いずれにしても、避難の生活が3年も、それどころか事故後5年も続くと、それは「避難」ではなく、「移住」と呼ぶべき状況になり、帰還という選択もまずなくなります。このように、復興に関して言えば、避難措置を受けた地域は、受けなかった地域よりはるかに困難な問題を抱えています。

避難をしなかった地域での暮らし

避難の措置がとられなかった地域でも原発事故で放出された放射性物質の沈着を受けています。そのような地域で、住民は事故以来放射線とともに暮らしています。このような方たちにとってすでに受けた線量を知ることが大切です。その線量について、UNSCEARが行った推定を見ましょう。

表2・6は、福島県で避難指示がなかった地域に住む1歳児、10歳児、および成人について、事故後の初年度に受ける線量と、そこに一生住みつづけた場合の線量を示したものです。初年度線量には半減期の短い放射性核種もかかわりますが、それらの核種は放射性減衰で消えてしまい、そのあと被ばく線量は急速に低下します。その結果、生涯線量は初年度線量の約2・5〜3倍になります。表に示された数値はあくまで推定ですが、避難指示がなかった地域の人たちが受ける線量は、ここに示された上限の値を大きく超えることはまずないと言ってよいでし

表2.6　避難指示がなかった地域における事故後初年度の線量と、住みつづけた場合の生涯線量　(UNSCEAR 2013)

年齢層	実効線量〔mSv〕		甲状腺の吸収線量〔mGy〕
	初年度	生涯	初年度（＝生涯）*
1歳児	2.0−7.5	2.1-18	33−52
10歳児	1.2−5.9	1.4-16	15−31
成人	1.0−4.3	1.1−11	7.8−17

*甲状腺で問題となる放射性ヨウ素は約8日ごとに放射能が半減し、線量の99%は2か月以内に与えられる。そのため、初年度線量＝生涯線量となる。

ょう。

この表からすると、今回の事故に由来する放射線量は少ないので、たとえがんのリスクの上昇があるとしても、それを疫学的に検出することは困難であると言えます。

では、避難指示がなかった地域で人々は安心して暮らしているのでしょうか？　その答えは、いいえです。

ふだん私たちは、あまり何かを恐れずに日々を暮していきます。この日常では、自分を取り巻くいろいろなものが生活の中で位置づけられ、それらは多かれ少なかれ自分の統御下にあります。しかしその日常の中に、ある日突然これまで経験のなかったものが侵入した場合、誰でもまず「これ」が生活を脅かすものかどうかが気になります。そのため「これ」を調べたり、実体を知ったりして、「これ」が自分の生活のなかで持つ意味を考え、位置づけを行います。そして「これ」が統御下におけるようになった段階で不安を解消することができ、ようやく安心した日常に戻ります。

放射線はふだんから日々の暮らしのあちこちにあります。そのため放射線は、日常のなかですでに位置づけられており、不安の対象ではないと考えても不思議ではありません。しかし、今回の事故で多くの人にとってそのようにはなりませんでした。自然放射線はあまりにも自然に空気のように存在しているため、普通は意識に上りません。また医療放射線も、病気の検査や治療という特殊な状況で受けるので、日常のなかでの位置づけはされていないのではないでしょうか。こういった状況のなかで、突然、事故が放射線を人々の生活に持ち込みました。

日常生活に突如侵入した放射線は、シーベルトやベクレルという単位をもつ数値で語られました。でもこれらの意味を理解することは、一般の方にとってきわめて困難です。そして、こういった数値は健康影響の大きさと関係しているという理解があり、そのため数値の大きさで危険と安全が決まるらしいことは、多くの方が理解するところであったと言えます。でも事故の直後から政府や専門家の間でも意見が異なることがしばしばだったため、放射線を位置づけることは、一般の方にとって不可能でした。位置づけすることができないものが侵入すると、人は自信を失い、あたりまえに統御できていた日常はたちまち壊れます。そして日常が失われると、健康のみならず生活への不安にまでさいなまれることになります。これが、避難をしない地域の方たちが多かれ少なかれ経験されたことではないでしょうか。

このような状況では、これまで誇りをもって住んできた自分たちの美しい故郷も、異なった意味をもつことになります。そしてとりわけ子どもについては、多くの家庭で大問題となりました――福島でこのまま子どもを育てても良いのか？　外遊びをさせて良いのか？　福島に将来はあるのか、県外に出るべきでは？　子どもを気づかう両親のみならず、お年寄りにとっても愛おしい孫だからこそ県外に出た方がよいのでは、など。

ただ、これらの懸念と判断は人によって異なります。そのため、地域や学校といった人々の集まりでも、放射線の影響について一定の理解を共有し、それに基づいて対策を立てることは、きわめて困難になります。そしてこれは、家族の内でも同じです。こういった放射線についての葛藤のなかで、生活のためご主人は福島に残し、子どもをつれて県外に避難された若いお母さんもたくさんおられます。このようにコミュニティの絆のみならず、時には家族の絆も危うくなります。

放射線から住民を守るべき防護政策も、往々にしてコミュニティを破壊します。避難指示がなかった地域でも事故後1年間の積算で20ミリシーベルトを超える特定の地点は、特定避難勧奨地点の指定を受けました。指定を受けた家では、家族の中の妊婦や子どもの避難をさせて補償も受けることが可能になります。避難の指定がない地域でごく少数のご家族が特定避難勧奨地点の指定を受けた場合、指定されなかった近所のご家族は強い不満をもちます。そのため以前はうまくいっていたコミュニティ内の人間関係は壊れてしまいます。

放射線に対する不安は、子どもの外遊びを制限する動きになります。これは屋内での滞在時間を長くするもので、ゲームなどに時間を費やすため、運動能力の低下と肥満が子どもの間に広がります。子どもは、乳幼児の頃から遊びを通して発育段階に応じた身体能力を獲得し、対人能力を身につけるので、外遊びの制限は、将来にわたる影響を残します。また、子どものときの肥満は、将来の糖尿病、心疾患、がんなどのリスクを高めます。

放射線は、日常のなかで自ら統御できない部分として出現し、日々の暮らしを続けていく自信を喪失させ、健康不安という姿をとることで、人々の絆を断ち、日常を破壊しました。そしてこの基本的な問題の上に、農家であれば生産物が売れないのでは……、子育て世代は子どもの健康が損なわれるのでは……、組織に勤める者には福島に先はないのでは……など、さまざまな個人個人の背景が反映された不安が加わります。

3章

事故の影響を受けた地域の人々の防護

——ICRPの考え方

防護の最適化は、将来の被ばくを防止または低減することを目的とした前向きな反復プロセスである。

——ICRP 111（39）項

最適化とは、その時点で広く見られる状況において最善策が実施されたかどうか、そして線量を低減するために合理的なすべてのことがなされたかどうかを常に問いかける、1つの心構えである。

——ICRP 103（217）項

ＩＣＲＰ111の3章では、汚染が生じた地域で生活を続けるときに防護の中核となる考え方を語っています。日常の放射線に対する防護をどのように体系立てて実践していくか、さらに放射線のことだけでは解決できない複雑な状況からどのように地域全体の復興につながる道筋を見いだしていけるのか、を考えています。次のように始まります。

「汚染地域内で生活し働くことは、現存被ばく状況として考えられる。このような状況に対して、基本的な防護原則には、履行する防護戦略の正当化とそれらの戦略によって達成される防護の最適化が含まれる。参考レベルは、推定される残存線量がそれらのレベルより低くなるような防護戦略を計画するために最適化プロセスの中で用いられる。現存被ばく状況は前もって管理することができないので線量限度は適用されない。」（24項）

「現存被ばく状況」「正当化」「最適化」「参考レベル」「線量限度」──大切な専門用語が登場していますが、日常生活で使う言葉もありますが、日常とはいささか異なる意味合いで使われます。このような用語と考え方は、放射線防護の長年の議論から生まれ、時代ごとの科学技術や社会意識の変遷とともに進化してきました。ですから、本章ではまず111の理解に欠かせない背景や用語を説明します。それから111の防護理論の中核へと進みましょう。

3.1 ＩＣＲＰの防護体系と111

１１１番目の勧告――受け継いでいる「見えない」基本

ＩＣＲＰ刊行物シリーズ・ナンバー111、すなわちＩＣＲＰ111は、ナンバー１にあたる１９５８年勧告（１９５９年発行）からほぼ半世紀を経て生まれました。この間、科学技術は大きく進歩し、解明された成果を取り込みながら、放射線防護は変わっていきました。

しかし、放射線防護の一番大きな転機は、実は、シリーズ１番目の勧告が生まれる前に訪れていました。１９４５年です。このときの悲痛な出来事の結果と、同時期にわかってきた放射線の人体影響に関する新しい知見が、今日にいたる放射線防護の考え方の根底を決めました。ＩＣＲＰ111にも受け継がれています。

その考え方とは？　遠まわりのようですが、１番目の勧告にいたるまでをたどりましょう。

＊　＊　＊

Ｘ線が発見されたのは１８９５年。それ以後、Ｘ線は医療の利用において人類に大きく貢献していきます。それまでは見えなかった体内の構造を観察したり、あきらめていた病気が治療できるため、医療への利用は早くから始まりました。しかし、放射線はメリットだけでなく、デメリットとして障害を起こすことも経験によって明らかになります。そこで、どうすれば安全に利用できるか、どの範囲なら安全なのか、安全域を見つけようとします。この安全域の上限値は閾値《いき》（しきい線量）と呼ばれます。放射線の量を測定して、放射線を利用するときにしきい線量を超えなければ障害は生じない、すなわち安全に利用できる、と考えました。これが初期の時代の放射線防護でした。

１９４５年、放射線防護は大きな転機を迎えます。広島と長崎に投下された原子爆弾によって多くの被災者が出ました。その後、被災生存者のなかに、原爆に被災していない人々に比べて、白血病が増えているのではないかという科学論文が１９５２年に報告されます（Folley, 1952）。原爆では、従来の爆弾と同じ爆風と熱線による被害のほかにも、放射線被ばくによって新たな健康影響がもたらされることがわかってきたのです。一方、１９５２年の論文以前にも、医師を対象にした調査から、放射線を多く使用する医師の間では白血病が有意に増加していることが１９４４年に報告されていました（Henshaw, 1944）。

このような状況は、従来の安全域を見直す契機となります。放射線を使う医師たちは、皮膚の影響などの急性障害を防止するために「週に3ミリシーベルトまで」という防護上の制限を受けており、これは意図した障害の防止には有効でした。しかし、週当たり3ミリシーベルトという線量を生涯にわたって受けつづけるとしたら、累積線量は決して小さくはありません。このような線量は白血病を誘発するしきい線量を超える可能性があるのか？　と考えました。そして１９５８年、シリーズ１番目の勧告にいたります。

「しきい線量に関する確かな情報がないのなら、感受性の高い人が白血病に罹る可能性は累積線量に比例すると想定することが最も慎重な対応であろう」(ICRP Publ.1, 1959)。

＊　＊　＊

確かな情報がないのなら、感受性の高い人でも守れるように最も慎重な対応を——この考え方が、その後の放射線防護のすべてを貫く見えない基本となっていきます。

情報の「確かさ」には、時の経過とともに変わる部分があります。放射線障害の調査が進むと見えてくる全体の傾向、幾多の動物実験による原因と疑われるものの検証、さらに技術革新で可能となったＤＮＡなどの微細領域の解明と、環境や体内動態データなどの大規模スケールでの解析。このような積み重ねで、１９５９年時点の確かな情報と半世紀後の確かな情報とは質・量ともに大きく違っています。それでも、いつの時代にも解明の足りない領域はあり、「確かな情報がない」部分は残ります。その部分に対して判断をする際に、感受性の高い人でも守れるようにと、防護上の判断は、危険性を過大評価したかたちで行います。「安全側に（保守的に）考える」という言葉で表現されるのは、このような考え方です。このことは、放射線防護の議論で出てくる数値の意味を考えるときなど、知っておくと役に立つと思います。

ICRPの防護の3原則〈正当化、最適化、線量制限〉

それでは、ICRP111を理解する上で大切な用語の説明に入ります。まず、「正当化」・「最適化」・「線量限度」からいきましょう。

これらの用語は、ICRPの「防護の3原則」からきています。それほど全体の中核となる考え方です。この111もそうですが、ICRPの勧告や報告書はすべて共通の基盤の上にひとつのシステムとして展開され、そのため「ICRPの放射線防護体系」と呼ばれます。ここで共通の基盤とは、防護の基本的な考え方とその表現である用語、検討対象とするデータの採用方針、防護に必要な各種係数の算定式などです。この基盤は新しい知見や成果が出れば見直され、必要に応じて更新されてきました。しかし、防護の3原則には誕生から半世紀を経ても変更はありません。この3原則の誕生の背景をお話しします。

1945年の転機を経て、放射線防護の基盤となる考え方は大きく変わりました。被ばく後しばらくは何の障害が生じなくてもあとで別のタイプの健康影響が発生することがあるらしい。その可能性が見えてきた時点で、「障害が出るしきい線量を超えないように放射線を利用すれば安全」という防護だけでは十分でないことになったのです。新しいタイプの健康影響については確かな情報がなかったので、最も慎重な対応をとることになりました。

では、どうすれば「最も慎重な対応」が実現できるのか？　シリーズ1番目・1958年勧告の考え方から一歩進めて、次の方針が定められました。

「いかなる放射線被ばくも、白血病やその他の悪性腫瘍、さらには遺伝的影響を発症するいくらかのリスクをもたらすであろうと慎重に仮定することを委員会の勧告の基礎とする。線量の低いところまで疾患や障害をもたらすリスクは、個人の受ける累積線量と共に増加すると仮定され、この仮定は完全に安全な線量は存在しないことを意味する。」(ICRP Publ.9, 1966)

最も慎重に考えるため、絶対的に安全な線量はないと仮定しよう。この仮定を前提としてどうやって放射線防護を考えたらいいのだろう？——これが、現在まで続く新しい防護の議論の出発点でした。そのなか

LNT 仮説

(Linear non-threshold 仮説)

1966年に提言されたこの基本方針は、「LNT 仮説」として知られています。

しきい値はない、と考える ← Non-threshold

リスクは線量ゼロから線量とともに直線的に増加、と考える ← Linear

この2つの仮定を合わせた検討用の「仮説」を LNT 仮説と呼びます。

から見いだされたのが3つの原則、「正当化」、「最適化」、「線量制限」です。
以下、それぞれを具体的に見ていきましょう。

その被ばくは必要か？　どこまで必要なのか？〈正当化と最適化〉

「個人が受ける放射線被ばくは正味の利益をもたらすこと」、これは正当化の原則と呼ばれます。意味のない不必要な被ばくは避けろということです。私たちが生活の中で行う放射線に関係する行為は、行為によって得られる利益（便益）が不利益（リスク）よりも大きいときに、意味があると考えることができます。

さらに、次の段階の防護上の吟味があります。

意味のある行為であっても、できるだけ、不利益は小さくして利益を大きくすることが望ましいのです。利益が一定だとすると、正味の利益を最大限にするには、不利益を最小限にすることが目標となります。ただ、不利益を最小限にするとはいっても、最小限にするあまり、利益が小さくなっては正味の利益は最大とならない。「正味の利益を最大化すること」は最適化の原則と呼ばれます。正当化と最適化は、ＩＣＲＰの防護体系の中心となる柱です。

ところで、気がついたでしょうか？　この2つの原則には、線量の数値についての言及は何もありません。線量については「線量制限」の原則を組み合わせて考えるのですが、大切なのは、「正当化」と「最適化」で被ばくの「意味」と「あり方」を常に問い直せ、ということなのです。このため、この2つの原則では数値的な目標が個別に異なってもいいことになります。

すこし具体的な原則の運用例をあげて考えてみます。個人の健康影響のリスク（有害な影響が生じる可能性）を制限するために、線量の上限値を設けます。しかし、患者が診断や治療によって受ける放射線被ばくには、線量の上限値を設けていません。もし、線量をこれ以上超えてはならないと一律に制限されたら、放射線によってがん細胞を殺傷し治癒をめざす目的で利用することができなくなります。そのために、病気の方ががん疾患をそのまま進行させるという大きなリスクを被り、死に至ってしまう可能性が大きくなるとすれば、一定以上の放射線を受けることは正当化されるはずです（この場合も、診断や治療の目的ごとに必要以上の被ばくはないように最適化を行い、そのための仕組みは違うかたちで用意されています。83ページ参照）。

「線量制限」の原則に進みます。

放射線に関係する「行為」のいろいろ

ここで「行為」とは、放射線被ばくの状況を変えることにつながるさまざまな行為をいいます。

放射線を出すものの利用の仕方を変える（始める・増やす・減らす・やめる）、

放射線を出すものを直接制御する

放射線を出すものとの関わり方を変える（距離をとる・時間を制限する）

線量制限その1　〈線量限度〉

個人が放射線被ばくにより受けるリスクを制限するために、線量の上限値を設けます。3原則で最も初期からあった防護原則です（ICRPの線量制限は、最初は実際的助言から始まり、まもなく定量的制限である上限値の設定へと進みました）。

しきい線量が明確なタイプの健康影響には、しきい線量で上限値を設けます。もともと、X線やラジウムの研究・利用を進めるなかで障害が明らかになり、それを防ぐために始まったのが放射線防護の研究でした。数多くの報告から障害のパターンとそれぞれが生じるしきい線量を割り出す。それを安全域の上限値と考えて、放射線の取扱いで受ける線量をきちんと測定し、「上限値を超えない＝障害が出ない」ように使う。この初期からの防護システムは現在でももちろん生きています。

あとから見いだされたタイプの健康影響についてはどう考えるのでしょうか。こちらの健康影響については、その後、研究が進み、放射線によって影響が出やすいタイプの障害があり、そのような障害ではもともとあるリスクに高い線量によるリスクが上乗せされると発症の確率を高めてしまうのだと特徴が解明され、「確率的影響」と呼ばれるようになりました。（しきい線量が明確なタイプの健康影響は「確定的影響」と呼ばれるようになります。さらに最近では被ばく後の治療や経緯によって発症「確定」ではないため、単に「有害な組織反応」とも呼ばれます)。

このタイプの健康影響については、どういう立場の人が・どのような理由で・被ばくが生じる状況に身をおくのかという点から、線量制限を考えます。「医療被ばく」・「職業被ばく」・「公衆被ばく」の3種類に分けて考えるようになりました。

●医療被ばく

患者が診断や治療によって放射線を受けるのが「医療被ばく」です。医療行為で本人が受ける便益(メリット)を最優先とするため、一律の線量限度は設けません(必要な放射線の量はそれぞれの身体の事情で変わってきます)。線量限度とはちがうかたちで必要以上の被ばくを防ぎます。

●職業被ばく

働く人が放射線を出す何かを利用して仕事するときに放射線を受けるのが「職業被ばく」です。この場合、医療のように使う本人が直接健康上の便益を受けるわけではありません。このため、放射線を仕事で計画的に利用する場合、どのあたりから社会的に受け容れられないほどのリスクと見なされるのか、境となるレベルを探るべきだと考えました。そのレベルを個人の線量限度として考え、上限値として設定し、さらにこの上限値から最適化の原則でより低い被ばくに抑えるよう努力すべきと考えました。

つまり、職業被ばくの線量限度は、放射線を仕事で計画的に利用する場合の、社会的に容認できるリスクの限度、という意味合いになります。限度を超えるとすぐに何か障害が生じる、という数値ではありません。

職業被ばくのリスクの上限値としては、安全性が高いと見なされている職業の平均リスク（年間死亡率が0・0001）と同等であれば社会的に受け容れられると判断し、年間50ミリシーベルト以下になるように線量管理が実施されれば年間死亡率が0・0001*を超えないと推定されました（ICRP Publ. 27, 1977）。この上限値は、1990年勧告で線量あたりのリスクが見直されたことで、社会的に容認できるレベルの考察を経て、年平均20ミリシーベルト（5年間で100ミリシーベルト）に変更されています（ICRP Publ. 60, 1991）。

●公衆被ばく

職業被ばくでも医療被ばくでもない被ばくは「公衆被ばく」と呼ばれます。仕事で活用するのでなく・医療を求めるのでもない立場で、日常生活のなかで放射線を受けることです。公衆被ばくには、職業人よりも厳しい管理が求められます。理由は次のとおりです。

放射線を利用してする仕事
製造・加工・品質検査・研究・医療・放射線機器・放射線施設の保守など。

＊ 年間1万人に1人死亡する

「一般公衆は、職業人と違って、子どもを含む集団であり、生涯被ばくする可能性もあり、その被ばくを選択することができない。さらに、個人モニタリングなど直接管理されないし、自分自身の職業上のリスクに追加されることになると考えられる」(ICRP Publ.9, 1966)。

この考え方は現在も変わりませんが、限度とする数値は放射線影響の解明につれて算出の仕方が少しずつ変わりました。現在では、年間の自然放射線レベルに相当し、リスクが十分に低いことを根拠に、年間1ミリシーベルトと勧告されています。当事者でない人の被ばくはこの限度以下となるように放射線を使う側が施設設計や運用面で管理すべき、という意味です。

すでにそこにある放射線〈現存被ばく〉

自然放射線、という言葉が出ました。大切な用語です。ご存じのとおり、放射線はもともと自然界に存在していました。約138億年前、ビッグバンで宇宙が誕生しました。膨張をつづける宇宙ではさまざまな核反応が起きて種々の元素が生まれ、約46億年前、その頃の元素を取り込んで地球ができました。それで、地球には放射線を出す元素もありました。レントゲンが未知の光線(X線)を発見して人類が放射線のことを知るまで、気づかれずにただそこにあったのです。

また、今この瞬間も、宇宙から地球にさまざまな放射線（宇宙線）が降りそそいでいます。太陽から・そして太陽系の外からもやってくる宇宙線は、エネルギーが高く、地球上空で大気中の窒素や酸素などとぶつかって放射性物質を生み出しています。

このような自然界にもとからある放射性の元素を「自然放射性物質」、放射線を「自然放射線」と呼びます。自然放射性元素は、ウラン、トリウム、ラジウム、ラドン、カリウムなどの一部で、約70種が知られています。

地球ができたときにあったものは、大地や水、空気、地球で生まれた植物や生物にも含まれています。自然放射線はいろいろなところにありますが、もっとも身近にあるのは「人体」でしょう。地球で生まれた生物は、ヒトも含めて、身体のなかに自然放射線の源を持っています。呼吸から約1・26、日々の食事から約0・29、全身で約1・55ミリシーベルトを受けています。この線源は代謝と排泄によって入れ替わりながら、ひとりの人間の体の内にいつもあります。体の外には、宇宙線から約0・39、大地などから約0・48、合わせて年に約2・4ミリシーベルト。これが自然放射線の世界平均1人分です（UNSCEAR2008報告書。すべて、全身の線量＝実効線量として計算）。日本の場合は、呼吸から約0・48、日々の食事から約0・99、宇宙線から約0・3、大地などから約0・33、合わせて年に約2・1ミリシーベルト。これが日本で暮らすわたしたちの自然放射線の平均値です（**図3・1**）。

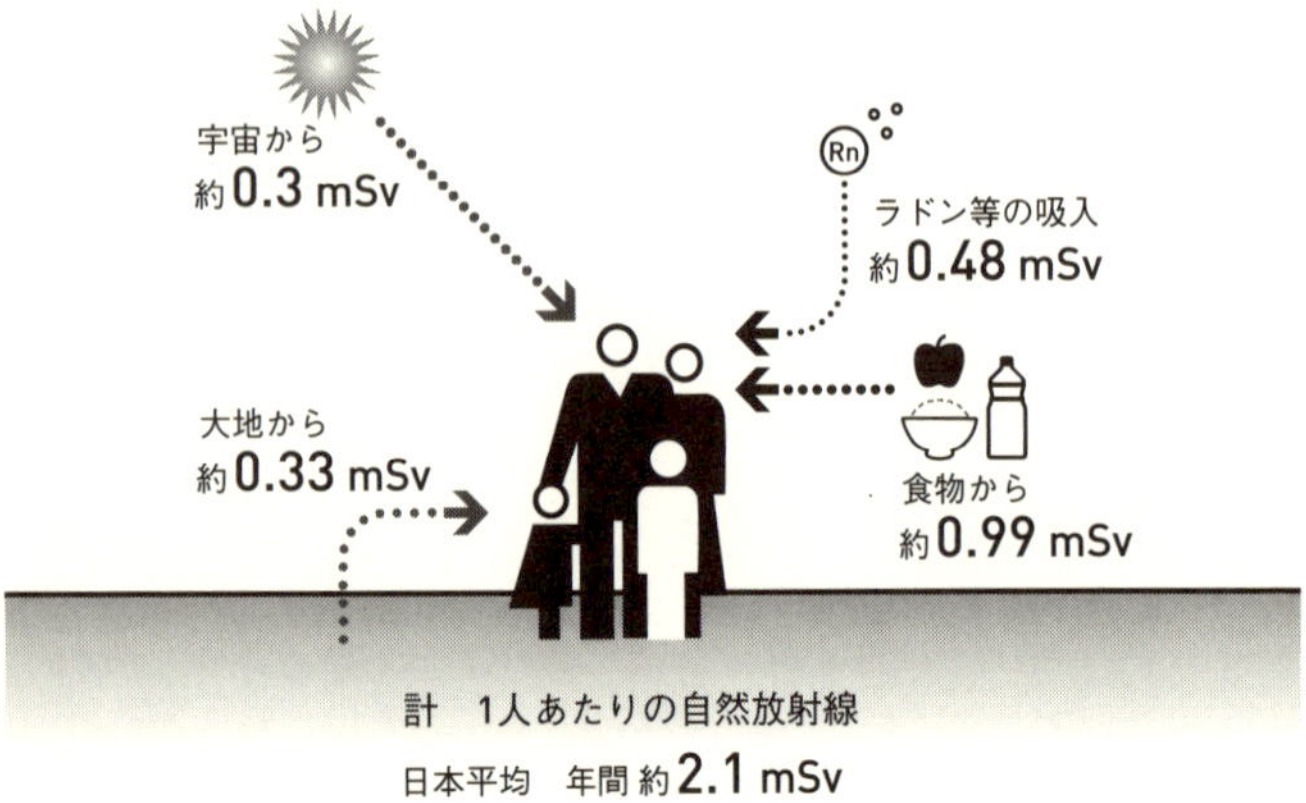

図3.1　日本の自然放射線

自然放射線の量は、地域の緯度と高度、大地の地質成分、住居の建材や構造、食生活の違いなどで変わります。地質成分による変動幅は大きく、ブラジル・インド・イランには大地からの線量が年に数十ミリシーベルトを超える地域も存在します。日本では、花崗岩を多く含む関西では関東ローム層で覆われた関東よりも大地からの放射線が多少高い、という程度です。

線量制限の話に戻ります。

太古の昔から地球のあちこちにある——このような放射線はどう考えたらよいのでしょう。管理できるのか？　そもそも管理すべきなのか？　こういった根源的な疑問から、自然放射線からの被ばくは長いあいだ線量制限の対象となっていませんでした。

同じように考え方に悩む放射線があります。

過去に放出された放射性物質の残り、です。過去のどこかの時点で人間活動となんらかの出来事により放出されて環境のなかに残っているものです。自然放射線に対して、人間がつくりだした放射性物質や放射線を「人工放射線」と呼びますが、「過去の残り」は双方にまたがっています。

石炭、石油、泥炭、天然ガスの採取・石炭やガスを用いた火力発電所・鉄鉱石の採掘・肥料を含むリン酸製品の生産、等々、地球資源を採取して利用する活動は古くからあり、こうした産業には非常にさまざまな自然放射性の廃棄物や副産物を伴うものがあります。問題がわかると管理が始まるのですが、それより前の時代の廃棄物が一部残っています。

軍事的活動の結果もあります。核兵器材料の生産と核兵器実験に関するものです。核兵器材料の生産施設で事故が起きて放射性物質が放出されたり、生産による高濃度の放射性廃棄物が不法投棄されたりしました。核兵器実験で繰り返し放出された放射性物質は、地球規模で拡散しました。1960年代がピークでしたが、時間の経過で消えたもの・今でも残っているものがあります。

そして原子力施設の事故と、放射性物質の盗難などの事件があります。かかわる放射性物質の内容や規模によって展開は大きく違います

放射性降下物（フォールアウト）
大気圏内核実験や原子力施設の事故などで大気中に放出された放射性物質が拡散し、地上に降下したもの。長年の観測結果があり、放射線の環境や人体への影響を検討する基礎データとなっている。

が、多くの場合、制御の可能な範囲を越えてしまいます。その結果、予想外の放出が残ります（このあたりは、ＩＣＲＰ111の付属書Ａを参照。代表的な事例を解説しています）。

過去のある時点ですでに放出され今でも残っている――このような放射線もどう考えたらよいのでしょう。健康への悪影響が予想されると今ではわかっているのであれば、管理は必要です。しかし、どうすればいいのでしょうか？

これまでの管理は次のように始まりました。放射線による悪影響が極力生じないように、まず必要かどうかをよく考え、必要以上の線量とならないように、また関係ない人たちに迷惑をかけないように防護と利用の計画を立て、必要な場合は手続きをとって、それから使い始めます。あくまで、使うことを意図的に選んで・これから使い始めるのです。ですから、前もって起こりうる問題を検討し、それを防ぐ対策を選ぶ余地がありました。

それに対して、ここでお話しした自然放射線と過去に放出された放射性物質の残りは、はじめからそこにあります。事前に対策を選ぶ余地はありません。そこにある理由も強さも実にさまざまです。知らないうちから生活環境の内にあったものから、ある日突然襲いかかってくる怖いものまであります。

これまでと同じ考え方で管理できるでしょうか？　この大きな疑問は次に考えるとして、ひとまず用語の意味を確認しておきましょう。

この項で見てきたような、管理を考える時点より前に「すでにそこにある放射線」から生じている被ばくを、「現存被ばく」と呼びます。平たく言えば、①地球が宇宙の一部であることによる自然放射線と、②過去の人間活動による放射線の残りによって、わたしたちすべてに生じている日常の被ばく、のことです。

3つの被ばく状況〈計画・緊急時・現存〉

線量制限を考えるとき、自然放射線と「過去の放射線の残り」は、根源的な疑問を突きつけるものでした――どのような放射線を、どこまで制限すべきなのか？

自然放射線は、人類がそのなかで生まれて生きつづけている地球環境そのものの特性なので、長らく対象とされませんでした。自然放射線のレベルが高くてもその地域の人たちは昔からの生活様式で暮らしており、他の地域と比べても特に病気は増えていないと考えられています。

しかし、自然放射線といえども、有害な影響をもたらすこともあるとわかってきました（たとえば高濃度のラドン）。また、線量だけに着目すると、人工放射線からの被ばくよりも自然放射線からの被ばくが大きいことは珍しくありません（世界の高自然放射線地域など）。科学技術の進歩で、かつてなかったほど地上から離れた高度で多くの時間を過ごす人たちも出てきました（航空機の乗務員、宇宙飛行士）。となると、果たして防護上対象としなくてもよいのかという疑問が生まれてきました。

「過去の放射線の残り」も、周囲の人たちに健康上の悪影響が心配されるほどであれば今からでも管理を考えなければならないでしょう。

そして、安全利用の計画に従って使っていても、放射線の制御で大きな失敗が生じることはあります。さらには、核兵器のようにはじめから安全目的でない利用さえ世の中にはあります。どちらも放射線防護だけではとても対応できない緊急事態を引き起こしますが、その事態の放射線にかかわる部分だけでも、防護の対応策を考える必要がありました。

こうして放射線障害から人々を守るという防護の対象は広がっていきましたが、線量制限を考えるとき、ここにあげたような状況では通常の計画的利用とスタート時点で大きな違いがありました。あらかじめ対策を選んで制御することができない。すでにある状況に合わせて後追いで対策を考えるしかないのでした。防護のあり方はこれでかなり違ってきます。管理もこれまでと同じやり方がそのまま通用するかというと、おそらく無理です。通常の計画的利用とは区別して考えることになりました。

この考え方はＩＣＲＰの１９９０年勧告から登場した全体方針のひとつですが、さらに発展して、２００７年勧告では「放射線防護を状況ごとに考える」という全体方針が打ちだされました。「計画被ばく状況」、「緊急時被ばく状況」、「現存被ばく状況」に区別します。それぞれ、計画的利用の平常時、事故発生の緊急時、そして現存被ばくの制御に対応しています。ICRP111は、2007年勧告の全体方針を受けて「現存被ばく状況」の防護を詳細に検討したものです（135ページとコラム2参照）。

線量制限その2 〈参考レベル〉

現存被ばくの状況とは、「すでにそこにある放射線」から被ばくが生じている状況でした。そこにある放射線は、そこにある理由も強さもさまざまですが、ひとつだけ共通の特性がありました。放射線源をコントロールして線量を制限する、というルールの外にあったのです。はじめから線量限度は適用できません。

そのため、現存被ばく状況では、はじめから線量限度など超えた放射線量となっていることも珍しくありません。線量限度を守りながら使っていたのに、突然の何かで放射線の制御を失い、必死に苦闘しても制御を取り戻せなかった不幸な事故の結果も、同じです。

現存被ばく状況の管理は、はじめから線量制限よりも明らかに高い線量があるかもしれないことを前提に考えていかなければなりません。線量ゼロから使い始める平常時の線量制限＝計画被ばく状況の線量限度は通用しない異質の状況です。どうすればいいのでしょうか？

明らかに高い線量状況となっていても、まずどうにか危険の少ないゾーンまで持ち込み、さらに安全ゾーンまで持っていけるような現実的な目安が必要です。そこで考えられたのが線量制限の新しいやり方でした――「参考レベル」といいます。

「参考レベル」は現存被ばく状況における管理目標、と考えてください。たとえ線量の高い状況であっても、このレベルをつかって小刻みに目標を設定し、少しずつ線量を平常時に近づけていきます。規制のための数値とは違うので「参考」と呼びます。危険と安全の境を意味する数値ではなく、管理を進めるための目安であり目標です。

参考レベルの最大値は短期間（長くて1年以内）で100ミリシーベルト。この数値よりも上では、放射線の障害が人によっては出てくる線量だからです。あとは3つのバンドとして設定され、そこから各状況の事情を優先して、その時点にふさわしい数値を管理目標として選んでいく仕組みです。このとき、単位には注意が必要です。とくに緊急時の場合、年単位ではなく短期間で、まず被ばく線量に注目して考えます。平常時とはまったく違う状況です。ですから、1年単位でいつも同じ、という考え方はしないのです（次節の**図3・2**を参照）。

「参考レベル」という幅のある線量制限には、もうひとつ理由があります。医療被ばくにおける線量限度について思い出してください。線量限度は設定しません。一律に線量限度を設定したのでは本人の生命維持のような大きな便益を損なう危険があるから、でした。そこで、線量限度とはちがうかたちで必要以上の被ばくを防ぐことにしたのですが、これも参考レベルです（医療では「診断参考レベル」という目安を用います）。

医療では、放射線にかかわる条件（診断や治療で必要な放射線の量）はそれぞれの身体の事情で大きく変わります。原子炉事故など緊急事態後の状況はどうでしょう。生活環境の汚染状況、日々の暮らし方、食生活など、それぞれの要因で放射線条件は大きく変わります。ひとりの人間の暮らしというものは、第三者にはなかなかわからない事情を抱えています。一律な線量限度は、これも大きな混乱を招き、本人の便益を損なうかもしれないのです。

参考レベルは、そのなかで、あきらめずに現実的な管理を続けていくために考えられた線量制限のやり方なのです。この参考レベルの活用については、3・3節で見ていきましょう。

ここまで、ＩＣＲＰ111を理解するための基本用語を説明しました。次からは本題に入ります。

3.2 緊急時と事故後の防護の骨格

平常時となぜ考え方が違うのか

２０１１年3月、東日本大震災により発生した福島第一原発の事故で放出された放射性物質の影響から人々を守るために、ＩＣＲＰは次の声明を発表しました。

「緊急時に一般の人々を防護するために、20～１００ミリシーベルトの線量を上限値とする参考レベルを設定するように引き続き勧告する」（ＩＣＲＰ103、表8）。

「放射性物質がコントロールできるようになったら、汚染した地域を人々が見捨てずに継続して生活できるように必要な防護策を国は実施するだろう。１～20ミリシーベルト／年の線量を参考レベルに設定するように引き続き勧告する。そのとき長期的な目標として１ミリシーベルト／年の参考レベルに下げていくようにする」（ＩＣＲＰ111、48－50項）。

この声明のポイントを図解してみましょう（**図3・2、3・3**）。

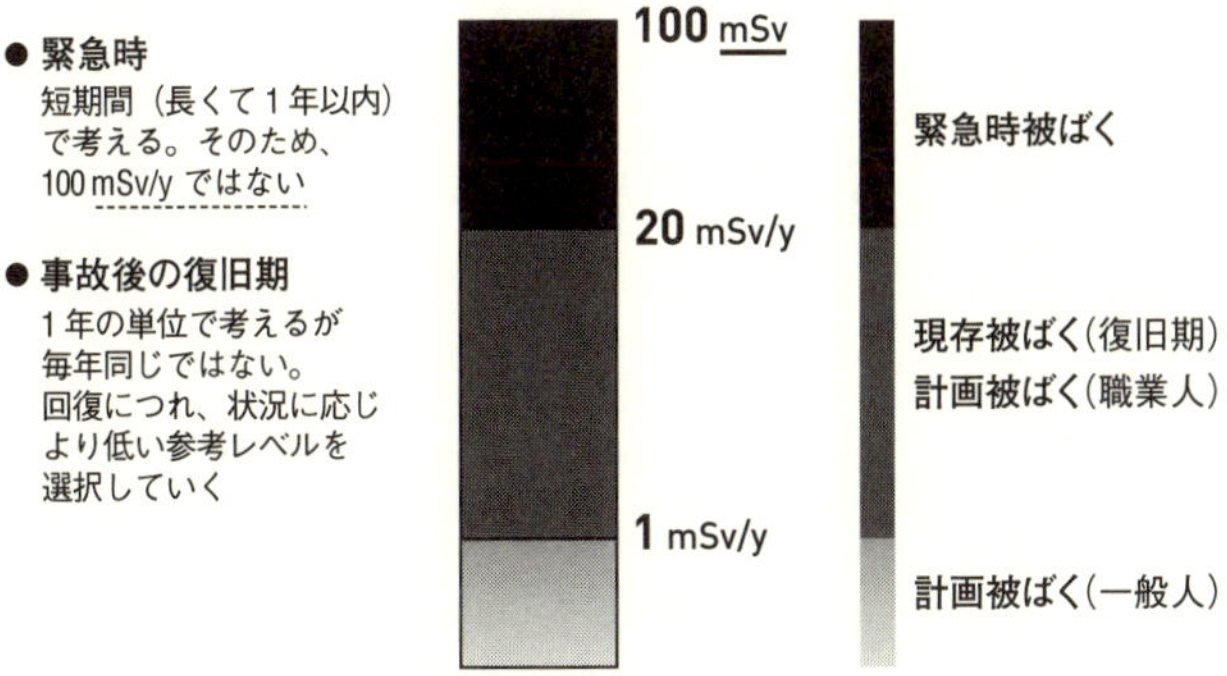

図3.2　2007年勧告の線量バンド

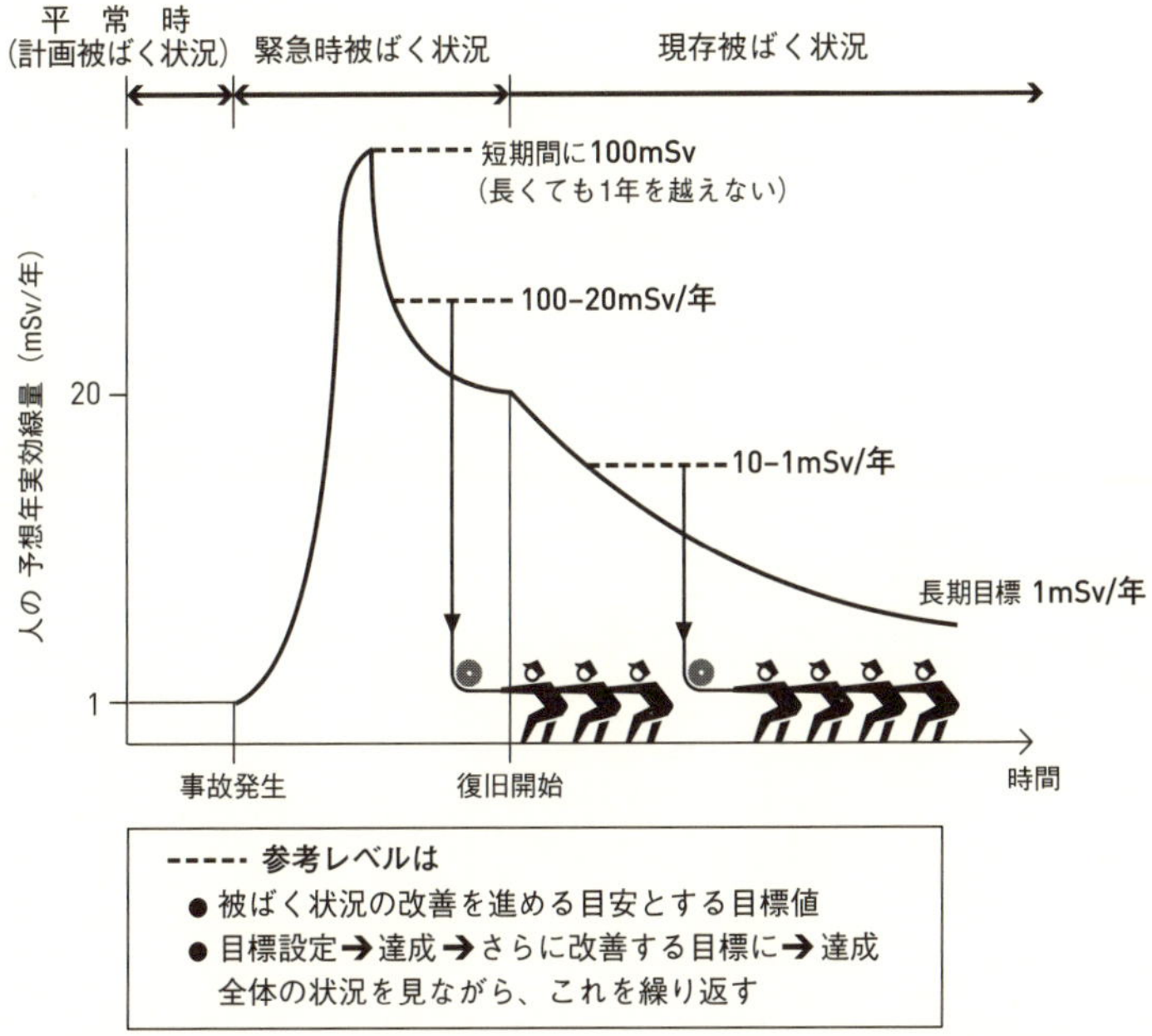

図3.3　緊急時被ばく状況から現存被ばく状況での予想線量と参考レベル

ＩＣＲＰの声明を、各新聞は「被曝限度量の緩和提案」などの見出しで取り上げました。「日本の現在の基準は一律に1ミリシーベルト／年、福島第一原発事故の影響が収まっても、放射能汚染は続く可能性があると指摘し、汚染地域の住民が移住しなくてもいいよう、日本政府に配慮を求めた形だ」（朝日新聞3月27日）

なぜ、緊急時（緊急時被ばく状況）やその後の汚染からの復旧時（現存被ばく状況）を、平常時（計画被ばく状況）と区別して考えているのでしょうか。この点は、福島の事故で多くの人がもっとも理解できない点であったかもしれません。

２００７年勧告で、ＩＣＲＰは線量を３つの範囲に分けました（図３・２）。「20より大きく１００まで」（短期間。長くて1年以内）、「1より大きく20まで」（年単位の線量）、「1以下」（年単位の線量）という範囲で考えます。この範囲で考えるというやり方の意味もわかりにくかったようです。

「放射線の影響はある線量以上であれば生じる、あるいはある線量を超えたら影響が生じる可能性が高くなるレベルがあるとすると、複数のレベルがあるのはおかしい」。このような疑問があります。医学生物的には「安全基準」は１つであるはずだと一般に考えられているところから来ていると思われます。しかし、現実の生活では、社会生活上のさまざまな要因が医学生物的条件にも反映され、身体への影響につながってくるという側面もあります。そのため、放射線の健康影響を理解する上で、影響が生じるか生じないかではなく、その中間のグレイな領域を考えることが必要であると考えているからです。この意味を、もっとくわしく考えてみましょう。

緊急時に何を優先するのか

事故は本来、発生してはならないものです。事故対策が十分でない場合に社会はその不備を責めるでしょう。しかし、これはあくまでも責任問題であり、事故発生時にはもっと先にしなければならないことがあります。最も優先されることは、事故の拡大防止、事故の終焉化に向けた努力を行うことです。それと同時に、人命を最優先に救助活動を行うことです。

緊急時にとるべき基本は、火災などでも自然災害でも同じ考え方です。放射線被ばくを伴う事故の場合も同じです。放射線被ばくの原因となる事故の拡大を防ぐこと。事故の終焉化を最優先でめざすこと。同時に、人に注目した場合、放射線被ばくによる放射線障害を避けることです。

ここまでは誰が考えても明らかですが、次に問題となるのが、まずどのようなことを念頭において放射線による健康障害の防止策をとらなければならないか、ということです。

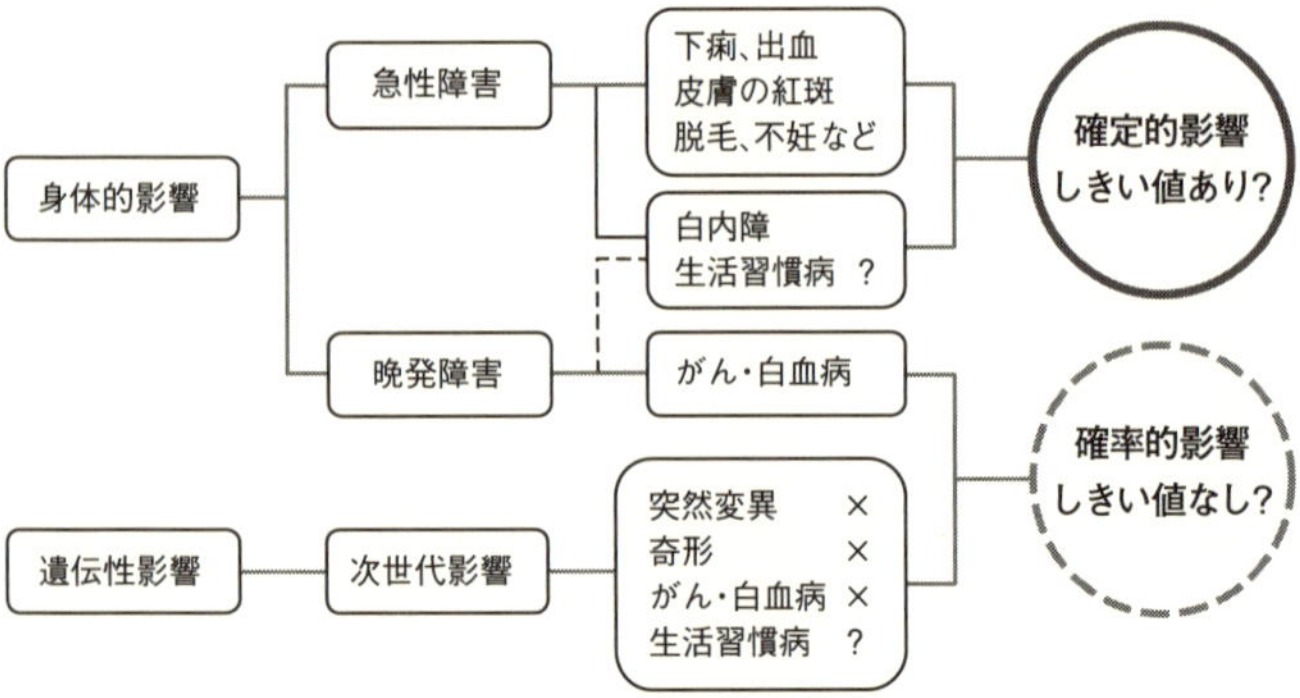

図3.4　2つの放射線障害――確定的影響と確率的影響

（1）確定的影響を防ぐ――しきい線量を超えないように

放射線障害には2つのタイプがあるとわかっています（図3・4。くわしくはA・1章）。

「確定的影響」と呼ばれる放射線障害は、ある線量（しきい線量）を超えると特定の症状が生じやすくなることが過去の経験からわかっているものです。緊急時には、とにかくまずこの確定的影響を防止します。放射線障害が生じるような線量を超えないように対策をとることが基本となります。

放射線障害が生じる可能性が出てくる最も低いしきい線量は、100ミリシーベルト。「短時間に」「全身に」浴びたときのしきい線量です。このとき、すべての人に障害が生じるわけではありません。しきい線量とは、この線量を被ばくすると「100人中1人に障害が発生する」という線量です。ですから、100人の人が100ミリシーベルトを受けた場合そのうちの1人に障害が生じる、ということです。一般に線量が高くなるほど、より深刻な障害が生じます（最悪の障害が、死亡になります）。このような深刻な確定的影響が生じないように対策をとることを、社会的にはまず考えます（一時的影響は時間が経てば回復しますので）。短期間であれば、100ミリシーベルトを超えなければ確定的影響は避けられるであろうと考えられています。

緊急時の防護の優先順位について続けましょう。

（2）確率的影響を防ぐ――いくつものリスクのなかでの回避優先度

「確率的影響」と呼ばれる、がんと遺伝性影響はしきい線量が明確ではありません。事故による被ばくがなくても自然発症の可能性はある＋さらに高い放射線を浴びると発症する確率が高まる、というタイプの影響でした（ヒトの場合、遺伝性影響が発現した事例はありません）。このような、がんと遺伝性影響のリスク（発生する可能性）を低減することも視野に入れることになります。

ここで、リスクの回避優先度という問題が生まれます。事故発生時には放射線のリスクだけでなく、放射線のリスクを避けることで生じる他のリスクも考えなければならないからです。被ばくを避けるための緊急時措置、例えば、避難や食品規制など通常時には行わない対策によって被災した人々の生活は大きく影響を受けます。その影響の度合いは、一人ひとりが抱える条件によっても変わってきます。避難というのは当事者にはかなりの苦痛を伴います。身体上の事情で難しい方もいます。避難のための移動や、避難生活そのものからも健康悪化の（時には生命にかかわる）リスクは生じます。食品規制も、生産者だけでなく消費者にも経済的なリスクが生じます。これらの防護対策がもたらすダメージにどこまで耐えて、緊急性の低い不確実なタイプの放射線リスクを避けることが可能かという点が判断のポイントとなります。この問題は、放射線防護上は「しきい線量がない」と考えることで、より慎重なリスク対応を推進してきたために抱え込んだ判断の難しい問題ではあります。

この問題に対してICRPは、あるレベルで線引きをして安全／危険という白黒の対応をするのではなく、対応のレベルを線量範囲で示しながら（図3・2）、具体的対応とそのタイミングは社会が選択するという方法を勧告してきました。ここで重要なのは「最適化」で、すなわち、放射線以外の社会的・経済的・心理的な要因を考慮しながら、集団として、いかなる措置を・どのタイミングで・どの範囲にわたって実施するのかを事故が起きる前にあらかじめ議論しておくことです。

放射線被ばくには常に不変の安全域があるはずだという先入観で見ると、このことは理解することはできないでしょう。安全域は単なる事実だけで成立しているわけではないという点が重要です。「安全である」とは、その社会の人々がどのような状態を「安全だと考えているか」

という点に依存しています。

まとめると、緊急時に優先されるのは、放射線被ばくによって確実に発生する恐れの高い健康影響を避けながら、緊急時の混乱による社会的な被害（健康被害も含まれる）を抑制することでしょう。状況が徐々に改善されてくれば、よりリスクの低い影響にも配慮した対応が求められていきます。

事故による汚染からの回復期

事故の緊急時が収斂《しゅうれん》して回復期になると、社会は元に近い状態に戻したいという要求が大きくなっていきます。次々に決断を迫られる緊急時に比べれば多少は時間的な余裕もできてくるので、状況改善のための社会の判断にさまざまな異なった見方がでてきます。その中には、放射線の健康影響（確率的影響）にしきい線量がないのであれば、リスクはゼロに近い状態を目指すべきであるという要求がでてきます。この問題は、福島第一事故で1年が経過して回復期になってきたときに、除染を中心とする1ミリシーベルト問題として論争になってきました。この点については、A・2章で考えたいと思います。

事故が収斂した後の回復期にとるべき基本的な放射線防護は、現存被ばく状況として捉えて、

1～20ミリシーベルト／年の範囲の低い方の部分から、当面の目標線量を漸次設定しながら、被ばく低減策をとることです。その結果、長期的に年間1ミリシーベルトに近づくような状況に回復することです。ここで問題は、年間1ミリシーベルトという線量をいつの時点での目標とすべきか、という疑問です。ICRPはこの問題には触れていませんが、現存被ばく状況を改善しながら生活を継続するためには放射線以外のさまざまな要因があることを認識していま す。ですから、111で強く提言しているのは、被災した地域の住民がこの問題解決の決定に関与することが重要であるという点です。

住民が問題の解決にかかわる決定に参加するとき、欠かせないことがあります。問題について判断するために必要な情報の共有です。この情報には、問題に関係する分野の専門知識も含まれます。このような情報の提供はおもに行政側の責務となりますが、このとき、行政側や専門家がトップダウン的に知識を市民に提供するという発想に陥ってしまうと、さまざまな改善策がうまく機能しないだけでなく、価値観の押しつけとなるといった倫理上の問題が指摘されています。とくに、安全問題では、このトップダウン的発想が行政側と住民との葛藤の原因にもなっているようです。情報を提供する立場にある人々は、安全域は単なる事実だけで成立しているわけではないこと、さらに「安全である」という判断は「その社会で暮らす人々が安全とはどういう状態だと考えているか」に基づいてなされることを認識しておくことが必要です。

行政・専門家に対する不信が生まれると、市民や社会はふだんは気がつかなかった問題についても納得したいと思うでしょう。そのため、より一層のコミュニケーションが必要になってきます。このとき、トップダウンの意識で行政・専門家が専門知識を強調すればするほど、市民はそこに隠れている前提や社会的な判断について自分たちも考えたい、関与したいと考えるでしょう。事故のようなインパクトの大きい事態が生じたときこそ、安全問題は社会の最大関心事となります。

原子力・放射線事故が起きて生活環境が放射性物質によって汚染した場合、その状況を回復する措置が求められます。事故では得てして想定されていなかったことが発生します。対応についてあらかじめルール化していなかったことも生じるでしょう。また、回復のための措置は行政側で決めた手順のとおりにはいかないかもしれません。何よりも、回復のための措置の決定自体が容易には進まないでしょう。安全問題に誰もが最大の関心を示している事態であればこそ、多様な見解が並立するなかでの合意形成はきわめて厳しいものとなるからです。

このような困難が予想される回復期の問題解決に関して、被災した地域の住民が決定に参加することが重要であるとICRPが強調しているのは、回復の措置を当事者が納得できるように、状況の改善を停滞から前進へとつなげるためです。さらには、一人ひとりの放射線防護を状況の変化に即してより機敏に実施するためには、公助だけでなく、自助が重要な役割を果たすことが過去の経験からわかっているからです。この点については、4章でさらに述べたいと思います。

3.3 事故後の回復期における正当化・最適化・線量制限

防護戦略の正当化——正当化の判断で考慮すべきこと

現存被ばく状況における正当化とは、事故後の回復期にとるべき防護対策が、住民にとって害よりも便益が大きくなることを確認することです。

事故後に行う最大の決定は、人々が通常の生活に戻ることを認めるかどうかという決定でしょう。この決定には、住民を強制的に移住させること、あるいは一定の条件に従って元の住居での生活に戻ることを認めることについて、放射線防護の判断基準が必要となります。実際には、放射線の線量と健康影響だけの問題でなく、社会の状況を多方面から検討した上での判断となるでしょう。通常の生活に戻る場合、個人被ばくを低減していくための防護戦略は、経済、政治、環境、社会的および心理的なさまざまな影響を及ぼすことが考えられるので、ある対策を実施するかどうかの判断は放射線防護の範囲を超えたものになります。

ある対策を実施するかどうか。これは現実には、その時点で広く対象地域に見られる事情を考慮しながら、実施すべきか／実施できるか、を検討することでもあります。ここで留意したいのは、防護戦略の実行においてはいくつもの細かい具体策が組み合わされて動き、実際の防護効果は「全体」として上がってくる、ということです。

被ばくを低減するためには、いくつもの対策があります。被ばくを低減して住民に便益をもたらすという点ではどれもが正しく、正当化できるものです。ではありますが、個々の被ばくを低減するための防護対策が、個々に正当化されたとしても、全体的に見た場合、住民全体にとって過大な社会的な混乱を招いたり、複雑すぎて管理が難しくなることがあります。このようなとき、社会に正味の便益を与えるとは限りません。逆に、単一の防護対策がそれ自体は正当化されない可能性があっても、全体として社会に正味の便益をもたらす場合もあります。その時点における全体の状況を見わたした判断が重要です。

防護対策の中には、行政が実施すべきもの以外にも、被災した個人が自助努力によって主体的に行うものも含まれます。この場合、住民自身が防護対策の大部分を決定します。たとえば、自宅のまわりの除染を行うかどうかを考えるとき、どのような道具を使い、どのような防護の服装で、どの程度まで行うのか。自分自身にどの程度のリスクがあり、専門家にまかせるべきなのか――このような判断を一人ひとりが日常のなかでしています。防護を正しく行うための詳細な情報が住民に提供されなければなりません。

防護戦略の正当化の判断をしていくためには、放射線のリスクを正しく理解しておく必要があることはいうまでもありません。放射性物質の沈着があった地域の生活で、どのような被ばくが生じるのか、被ばくの経路、被ばくの特性、さらには生活パターンや属性が似ている住民集団の線量分布を把握することが基本となります。それらの線量がもたらす健康リスクの特性と大きさを理解することが必要です。

防護戦略の最適化――全体を見ながら段階的に

現存被ばく状況における最適化とは、最善の防護対策を選択するということです。ここで「最善」とは、線量を低減し最小化するということではなく、社会と経済の要因を考慮した、住民全体にとっての便益に配慮しながら、被ばくを合理的に達成可能な限り低減することです。

最善とは、線量を低減するが最小化を目指すわけではない？　この点は、不思議に思われる方も多いかもしれません。考え方の背景を説明します。

3・1節で、LNT仮説ができるまでの話をしました。LNT仮説とは「低線量・低線量率の被ばくであっても、放射線の健康リスクにはしきい線量がなく、線量に比例すると仮定する」という、安全確保のための仮定となるものです（68ページ）。つまり、放射線の線量がゼロからすこしでも増えればリスクが生じる、と考えますので、一定の線量で線引きすることは数値の大小だけでは決められないことになります。とすれば、そのリスクの大きさや特性に応じて、線量低減に伴って発生するさまざまな競合要因とのバランスを考慮して最善の対策を選択することが適切であるという考え方からきています。この「最適化」の原則は、全体の結果としての最善を考えるために生まれたものです。

たとえば、前項の正当化で書いたように、一つひとつは正しい判断でも全体の状況を見れば最大の便益をもたらすことにつながらない――そのような事態は最善ではないと考えます。また、住民全体にとっての便益に配慮しながら「合理的に達成可能な限り」というのは、次のような視点も持って検討したいということです。他に必要な対策とのバランスはどうか。住民の生活全体を考えたとき、限られた予算と人員からどれだけ優先的にその対策に振り向けるべきか。今後も必要な対策であれば範囲とレベルが継続可能なものとなっているか、

ALARA
(As Low as Reasonably Achievable)
防護の基本原則のひとつである「最適化」を意図した表現。経済的・社会的要因などを考慮しながら合理的に可能な限り被ばくを低減するための防護対策を決定すること。

等々。また、複数の対策の組み合わせでは、それぞれをどの順でどの程度まで行うかによって、後に続く対策に深刻な影響が生じることもあり、後の対策が進めやすくなって同じ予算でより多くの便益につながることもあります。このような多角的な検討を加えつつ、その時点その時点での改善の進み具合に合わせて最善となるよう、何度も調整を重ねつつ防護を実施していきます。これが、最適化のプロセスです。

ただし、何をもって最善とするかという判断が、この最善の対策の選択には含まれます。ですから、最適化プロセスには透明性が強く求められます。判断に使用するデータや計算のための数値や仮定は公開され、明確に定義されていなければなりません。すべての関連情報が関係者に提供され、意思決定のプロセスを追えるようにしなければなりません。

事故からの回復期には、緊急時と違って特殊な課題が生まれてきます。放射性物質の沈着を受けた地域で生活するということは、多くの課題と向き合いながら暮らすことであるといえるでしょう。回復期特有の課題には次のようなものがあります。

●1　消費者と生産者との利害　地域内での食品を含む生産活動の維持と、消費者の放射線からの防護との双方に配慮が必要です（生産者と消費者の関係は、地域の内にもあります）。

●2　地域住民と国内・国外の住民との関係　被災地域に住み続けながらその人々が従来の

生活を取り戻していくためには、地域と地域外との住民の連帯が不可欠の条件です。国内から海外から、どちらの連帯も必要です。生産物を含む物品や人の移動において、偏見による間違った判断がないようにしなければなりません。

●3 住民が下す多様な決定

回復期にはほとんどの場合、個人の被ばくレベルは一人ひとりの生活行動によって左右されます。住民が自らの状況をコントロールできるように、行政は、日々の生活の防護に必要な情報が十分に提供されるよう配慮し、場合によっては、個人用の線量計、ホールボディカウンター（WBC）、食品測定装置など、適正な機器が利用できるように準備しておくべきです。

回復期は、緊急時と違って判断にしっかり時間をかけることが可能ですので、判断を下す時点で広い範囲の被ばく状況を考慮して段階的に最適化を実施することが可能です。この最適化は、1回の判断だけでなく、被ばく状況や社会的・経済的因子を把握して何度も繰り返して行う必要があります。定性的にも定量的にも、前述のように多角的見地から検討して行います。

このようにして決定した最善な選択肢は、常に被ばく状況全体の見地から判断されたものとなります。そのため、この最善な選択肢は、必ずしもすべての個人に対しての線量を最低にするとは限らないものになります。これは、被ばくのリスクとその低減にかかわる社会的・経済的要因とのバランスをとった結果であるからです。

複数の正当化された防護戦略を検討し、それらの相互比較を行うことが最適化の重要な特徴であり、住民にとってより納得できる最善な対策を選択するためには、その対策に関連するステークホルダーの関与が必要不可欠です。ステークホルダーには、住民、専門家、行政などの関係者が含まれるでしょう。

ステークホルダー
その問題についてさまざまな観点から関心を有する者、の意味で用いる。「利害関係者」ともいうが、経済的な利害関係だけを意味する用語ではないことに注意。

個人被ばくを制限するための参考レベル

前項で述べた最適化の原則では、すべての人々を一定レベル以下の線量にすることを必ずしも保証しません。そこで、個人線量が極端に不公平になることを避けるために、参考レベルが目安として導入されます。現存被ばく状況において、参考レベルは次のように活用することができます（図3・5）。

- **1　防護対策を計画するときの妥当性の判断**

ある防護対策を導入するかどうか検討するとき、その対策を実行しても、線量がこの参考レベルを超えることが予想される場合、そのような防護対策は効果が薄いとして選択しない。

- **2　実施中の防護対策についての有効性の判断**

すでに実施された対策について、効果を判断するベンチマーク（指標）として利用する。ここで重要なのは、参考レベルを上回る被ばくに注目し、まずその人たちの防護を急ぐこと（住民全体の被ばくの低減より優先）。こうして、線量の不公平を解消していく。

●3 防護の最適化を実施する目安

対策実施後の線量測定で、参考レベルを超える被ばくがなければ、次の段階の目標へ進む。その時点での全体状況を把握し、改善目標を確認して、より厳しい条件の新しい参考レベルを設定する。すなわち、防護の最適化、である。

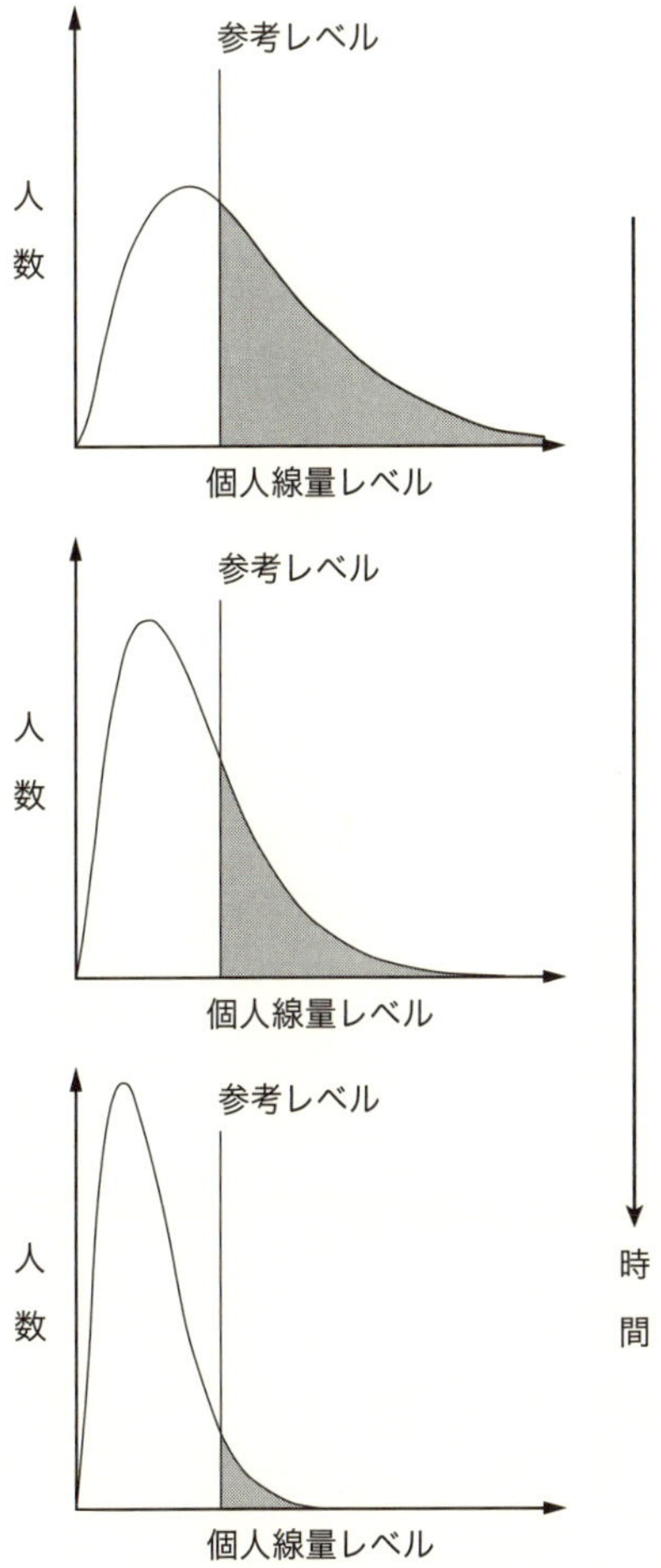

図3.5　現存被ばく状況における個人線量分布の経時変化（ICRP Publ. 111）
参考レベルを段階的に変えていくことで、状況の改善を実際的に進めることもできる。

ここで、参考レベルと紛らわしい用語があるので、確認しておきましょう。「介入レベル」という用語です。放射線異常時の防護を考えるときに、長年、使用されてきました。「介入レベル」とは、放射線異常が発生した時、このレベルを超えたら、施設管理者、国や地方公共団体が被ばく低減のための介入措置をとる必要があるというレベルを指していました。介入措置とは、被ばくを制限し、被ばくの影響を抑えるための手段を講じることをいいます。

この介入レベルと参考レベルの違いは、レベルとされている値より下であれば何もしなくてよいかどうか、という点にあります。参考レベルの場合、それよりも下であれば、何も対応をとる必要がないということにはなりません。あくまでも反復して状況を把握しながら、更なる防護対策が必要かどうかを確かめるための評価を行い、より一段の防護効果を上げるために、最適化を繰り返していきます。ここが、介入レベルより一歩踏み込んだ考え方となっています。

参考レベルの決定は、明確に数値で表現される基準ですので、社会的には関心が高い問題です。ＩＣＲＰは、現存被ばく状況における参考レベルを選択するべき線量範囲を、年間の線量で1～20ミリシーベルトとしています。

この線量範囲は、20→1ミリシーベルト、と書くべきものかもしれません。事故が起きると、実際には突出した高い線量があります。そこから、緊急性の低いゾーンまで抑えて、平常時のゾーンへ戻していく。このような現実の流れを思い浮かべながら考えると、この範囲の意味がより理解しやすくなるかと思います。

まず、とにかく無条件で抑える必要がある緊急ゾーンがあり、そこまで抑えられるようになったら、そこからは全体の状況を確認しながら徐々に下げていく、という考え方です。この線量範囲から参考レベルを選ぶ場合、社会、経済および環境の持続可能性や住民全体の健康など多くの相互に関連する要因のバランスを慎重に検討するべきです。大きな事故であるほど社会の混乱は多方面に及んでいますので、線量低減という目標を達成していくまでの望ましいやり方は、その時点での状況によって変わる可能性があるからです。

　長期目標は、「被ばくを通常と考えられるレベルに近いかあるいは同等のレベルまで引き下げること」です（ICRP Publ.103, 2007）。ですので、放射性物質の沈着がある地域で生活する人々を防護するための最適化に使用する参考レベルは、年間1〜20ミリシーベルトという線量範囲の低い方から選択すべきであるとＩＣＲＰは考えています。

　事故後の長期的な状況における参考レベルは、過去の経験から、代表的な値が年間1ミリシーベルトです。被ばく状況を考慮に入れて、状況を徐々に改善するための中間的な参考レベルを設け、復旧プログラムを繰り返していくこともできるでしょう。

ここまで述べたように、参考レベルは、このレベルが安全と危険の境界ではなく、被ばく状況を改善するための防護戦略の目標値として働くべきものです。つまり、その数値そのものに、リスクが大きいとか、守るべき線量であるといった絶対的な意味はなく、あくまでも、公平性を維持しつつ、最適化を進めていくための目安であるということです。

参考レベル相当の高さの線量がもたらす健康リスクはどのくらいであるのか。それについて理解が広がれば、**目標設定→達成→より改善する目標の設定→達成→そして平常時へ**という段階的な状況改善も進んでいくことでしょう。このような性格をもっていますので、参考レベルの選定には、ステークホルダーの見解を適切に取り入れて、社会、経済および環境の持続可能性や住民全体の健康など多くの相互に関連する要因と注意深くバランスをとっていく必要があります。

4章

全体の防護戦略

当局によって履行される防護戦略の優先事項は、被ばくが最も高い人々を防護することと並行して、その事象に関連するすべての個人被ばくを合理的に達成可能な限り低減することである。 ——ICRP 111 (56)項

当局は、被災した住民によって履行される自助努力による戦略を含め、すべての防護戦略の履行を支援するための基盤を整備するべきである。住民のあらゆる層内、とりわけ公衆の健康と教育を担当する専門家の間における“実用的な放射線防護文化”の普及もまた、この戦略の重要な要素である。 ——ICRP 111 (62)項

ＩＣＲＰ111の4章は、事故後の放射性汚染から地域の人々を守る実践編です。国や自治体が行う防護対策、被災した住民が行う防護対策、の2部構成となっています。この「被災した住民自身による防護対策」はＩＣＲＰ111の真髄といえるもので、チェルノブイリ事故からの復興活動で見いだされた可能性に基づいています。

本章では、この4章と次の5章（放射線モニタリングと健康サーベイランス）の内容を取り上げ、具体例の紹介も交えながら進みます。最後に、当委員会の試論として、福島第一事故後の暮らしのなかの放射線防護について今後にむけた可能性を探りたいと思います。

4.1 国や自治体が行うべき防護対策

防護戦略の全体像

放射線防護の第1ステップは、人々の線量を評価することです。放射性物質の放出と拡散の状況を把握して、被ばくが最も高そうな人々や地域から防護し、被ばくを達成可能な限り低減

表4.1　放射線防護戦略の例

- 個人の放射線モニタリング
  個人外部モニター、内部被ばくモニター(ホールボディカウンターなど)
- 環境の放射線モニタリング
  周辺線量率、土壌、水、空気、食品などの放射性物質濃度測定
- 除染
  土壌、建物
- 食品管理
  食品中の放射性物質測定、食品の生産・出荷・流通
- 物品管理
  流通、貿易、再利用
- 廃棄物対策
  廃棄物保管
- 健康サーベイランス
  通常の健康診断、健康上の重要な指標の長期的な監視
- 情報提供・訓練
  一般公衆、特定の被ばくグループ
- 放射線教育
  小児教育、学校教育、住民の「放射線防護文化」の浸透

することが防護の優先事項です。線量評価は、外部被ばくと内部被ばくをそれぞれ評価し、被ばく経路を特定することで防護方策にフィードバックします。

具体的な防護戦略として、環境の放射線モニタリング、個人線量モニタリング、除染、廃棄物対策、健康サーベイランス、放射線教育などがあります(**表4・1**)。

それぞれのポイントについて見ていきましょう。

放射線モニタリング――環境と個人

放射線防護のために、定期的に行う放射線や放射性物質の測定は「モ

ニタリング」と呼ばれます。モニタリングは線量評価の基礎となる重要な活動で、長期に汚染が続くとき、防護戦略を実施し有効性を確かめるために必要不可欠なものです。モニタリングの主な目的は、人に対する被ばくの源を把握すること、環境の汚染レベル（食品の汚染測定も含む）を評価することです。また、それらの情報から将来の変化を予測することです。

福島第一事故でも、環境モニタリング（空気中放射線量、土壌、食品、河川および海洋の各放射性物質濃度）が実施され、環境汚染の全体像がわかるまでは頻繁に多くの地点で測定されてきました。人が被ばくする線量も、これらの環境測定の結果から推定することが行われてきました。例えば、空気中の放射線の線量率（マイクロシーベルト毎時）に、その場所に留まる時間（時間）をかけることで個人が受ける線量を推定します。この方法は、詳細な線量率マップと人の行動記録が必要となります。実際には屋内の線量率は測定データではなく、推定のために遮蔽率を考慮したものになっています。

防護戦略のための空間線量モニタリングは、特定の地点周辺の線量の「平均」を見ていることになります。環境モニタリングから間接的に推定される個人の外部被ばく線量は、個人を直接測定する個人モニタリングよりも、一般に過大な評価になることがわかっています。実際に、間接的な推定に対して、直接、個人にモニターを装着してもらい、線量を測定した結果の比較が行われるようになり、過大評価の傾向が確かめられるようになってきました。たとえば、福

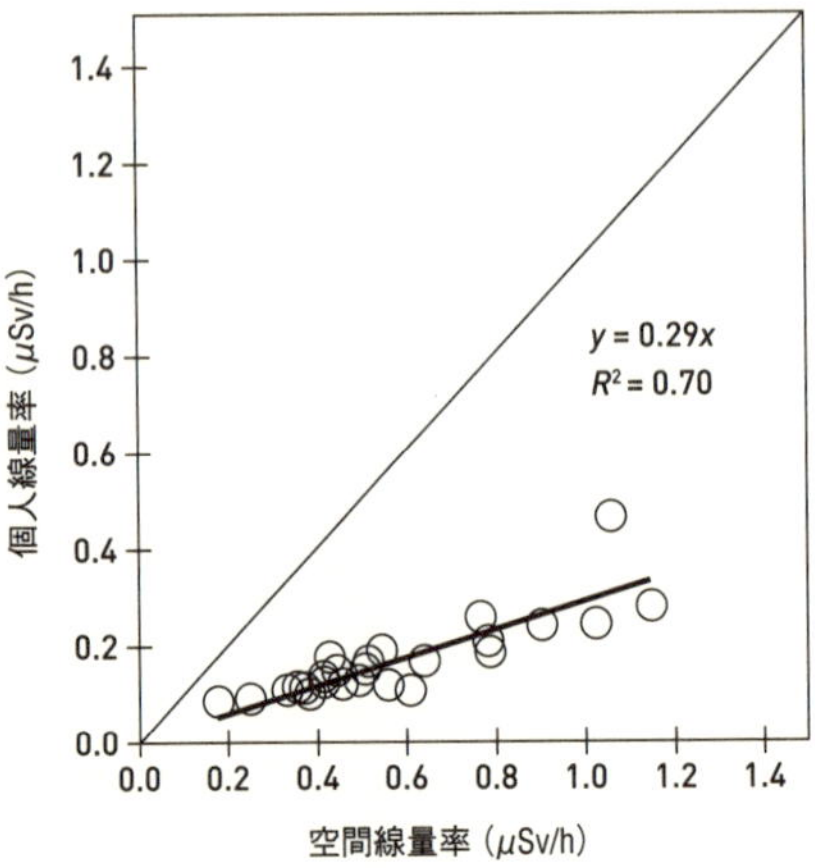

図4.1　間接的推定と直接測定の比較——空間線量と個人線量の関係
個人線量計で線量率を計測し、行動範囲の空間線量率と照合して解析。
内訳：屋外作業者17名（多くは農家）、屋内作業者7名、他の職種2名。
空間線量率：航空機モニタリングによる（Hirayama et al., 2013）
空間線量率の分布：0.16～1.3μSv/時
（出典：Naito et al., *Radiat. Protect Dosimetry*, Epub, 2014 Jun. 30）

島において特定の地域での個人線量は、おおむねその地域の空間線量の3分の1であることが示されています。（図4・1）（Naito et al., 2014）。

事故後の放射線環境で生活する特定個人の線量は、その人の生活のパターンに大きく依存します。そのため、特定個人の線量を知るには、やはり個人モニタリングの導入を考えることが望ましいといえます（次項を参照）。

内部被ばくについては、食品汚染が主たる被ばく経路だとすると、食品の汚染レベルを把握し、食品流通を制限することで被ばくの低減を図ることができます。あるいは家庭菜園を含めた地域生産物の測定結果が常に入手できれば、その結果にもとづいて汚染した食品の摂取を制限することができるでしょう。しかし、常に測定結果が入手できない場合や、人々が食習慣を変えたことによる改善の度合いを評価できるようにするためには、被災した住民の定期的な全身放射能測定を確実に実施すべきです（内部被ばくは、あとの項でくわしく見ていきます）。

放射線モニタリングは、事故後は被災した地域でさまざまな組織や団体が実施することが多くなります。さまざまな情報源からの結果は、測定条件などの違いから値にばらつきが生じることもありますが、信頼できる測定結果は地域の放射線状況をよく理解することにつながります。そのため、さまざまな測定データを相互に比較し、適切な測定の品質管理を行うことによって、全体の汚染状況を把握するよいデータベースとなります。測定結果を提供するすべての関係者が協力して、日ごろから住民が容易に全体状況を閲覧できるような仕組みを構築することが望まれます。

なお、測定値の扱いですが、ＩＣＲＰは事故後の回復期に管理目標として使う「参考レベル」を「実効線量」で表しています。実効線量を用いるのは、外部被ばくと内部被ばくの線量を合算することができるからです。各測定値を全身に対する被ばくの推定値（実効線量）に換算し、その値で汚染の改善目標を考えていきます。この場合、測定値から実効線量を推定するための係数などの評価手順を、あらかじめ明確にしておかなければなりません。

外部被ばくのモニタリング——個人線量

放射線事故後の防護対策で、公衆の個人モニタリングは、従来、内部被ばくモニタリングを指すことが普通でした。外部被ばくモニタリングは、前項で述べた環境モニタリング以外の方法で行うことはあまり想定されていませんでした。

しかし福島第一事故後、外部被ばくが被ばくのほとんどを占める状況となっているなかで、外部被ばくモニタリングに個人線量計を活用する試みが一部で始まっています（図4・7参照）。この試みは、住民一人ひとりの外部被ばく線量をより正確に把握しつつ、日常の行動と個人線量の変動がどのようにつながっているのか、線量の測定対象である本人が理解しやすいようにすることで、より積極的な被ばく状況改善に役立てようとするものです。

このような個人線量計による外部被ばくの個人モニタリングは、行政による環境モニタリングに置き換わるものではありません。環境モニタリングとは別の役割を果たすためのツールになるでしょう。行政は責任をもって環境モニタリングを実施し、生活環境の被ばく状況を把握することが重要であることは変わりません。こうした個人モニタリングの試みは、自助努力による防護対策において果たす役割が注目されます（4・2節と4・3節も参照）。

内部被ばくのモニタリング

本項では、全体像の理解を深めるため、一部、民間による対策活動も合わせてご紹介します。

（1）事故直後――緊急被ばくの測定

事故直後は、原発サイトから放出され大気中に拡散した放射性物質が空気の移動とともに地域に広がり、呼吸により体内に取り込まれ内部被ばくが生じました。問題となる核種によって測定方法が変わりますが、甲状腺に集まる性質のある放射性ヨウ素による内部被ばくは、可搬式の簡易サーベイメータの検出部を頸部に当てて測定することができます。放射性セシウムによる内部被ばくはホールボディカウンター（ＷＢＣ）で測定することができます（図４・２）。

図4.2　内部被ばくのモニタリング（WBC）

（2）事故後の回復期――食品の測定

福島の場合、慢性期のセシウム134・137による内部被ばくは主に食品からと推定されています。

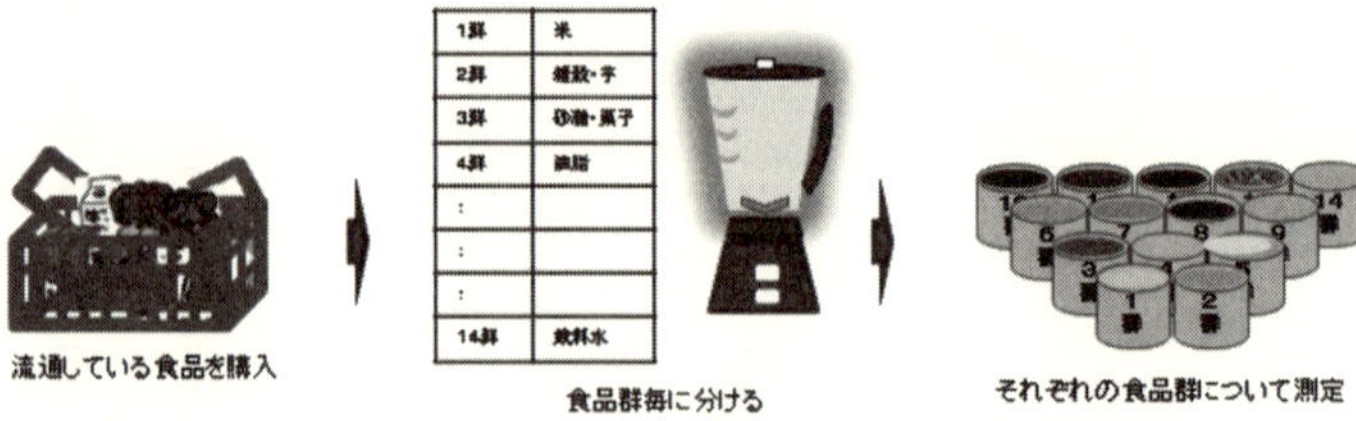

図4.3　マーケットバスケット調査　（厚生労働省ホームページ）

表4.2　マーケットバスケット調査の結果（2011年12月22日）

平均的な1日の食生活から摂取される放射性物質の量			
福島県	放射性セシウム	3.39 Bq	0.0193 mSv/年
	放射性カリウム	83.77 Bq	（0.19　mSv/年）
宮城県	放射性セシウム	3.11 Bq	0.0178 mSv/年
	放射性カリウム	92.04 Bq	（0.21　mSv/年）
東京都	放射性セシウム	0.45 Bq	0.0026 mSv/年
	放射性カリウム	78.92 Bq	（0.179　mSv/年）

放射性カリウムの年間線量（　）内は著者が計算
（出典：国立医薬品食品衛生研究所）

カリウムの4000ベクレル

カリウムは生き物に必須の元素で、欠乏すると心臓に悪影響を生じ、また多すぎてもいけません。このカリウムには、放射線を出す「放射性カリウム」がおよそ1万個に1個の割合で自然に含まれています。放射性カリウムは食物中にも含まれ、とくに、干し昆布、干し椎茸、お茶などに多く含まれています。この放射性カリウムによる放射能は、成人男性の体の大きさでおよそ4000ベクレル。太古の昔からある人体の自然放射性物質の量です。

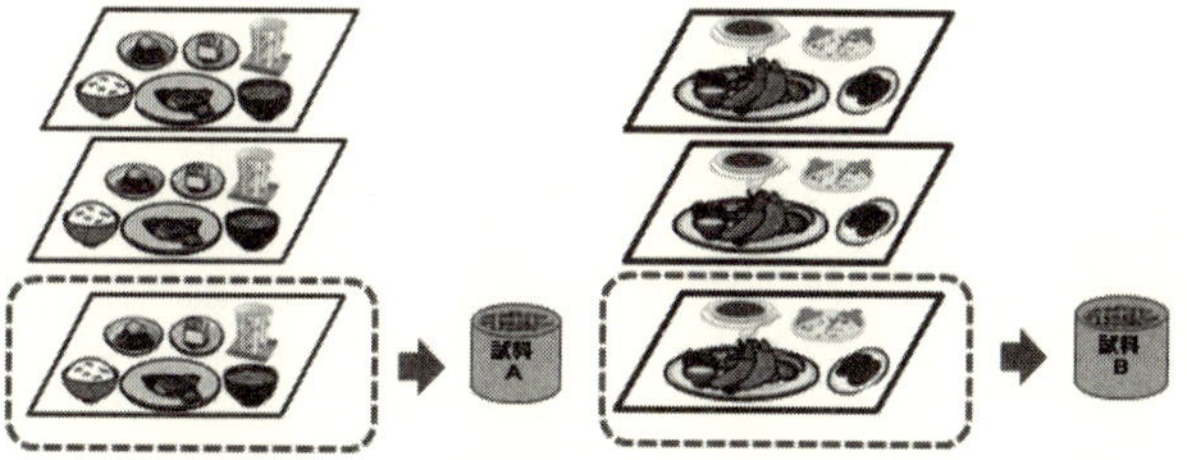

図4.4　陰膳調査　（厚生労働省ホームページ）

市場に流通している食品は基準レベル以下に制限されますので、結果として食品を通して受ける可能性のある線量は低くコントロールされます。人々が流通する食品から実際に受ける線量を把握するには、食品の放射性物質濃度が測定されていなければなりません。測定された食品の放射性物質濃度（ベクレル／kg）に、その食品の摂取率（kg／日）を乗じることで、1日あたりの放射性物質の体内摂取量（ベクレル）が推定できます。「マーケットバスケット方式」と呼ばれる方法によって、平均的な体内摂取量を推定し線量を計算することができます。

マーケットバスケット方式は、スーパー等の食品販売店で食品を購入し、放射性物質濃度を測定した結果にもとづいて体内摂取量を推定する方法です（**図4・3**）。計算例を示しておきます（**表4・2**）。この方式は、1日あたりの平均食品摂取量を用いて市場全体の平均的な線量を知るという目的には適していますが、個人の線量を推定するものではありません。

個人の線量を推定する方法として実施されているのが、「陰膳方式」

と呼ばれる測定です。この方式は、ふだんの食卓に上る食品を人数より1膳分余計に用意して、その分を放射性物質測定に利用し、実際に食べている食品群からの放射性物質の摂取量を測定する方法です（図4・4）。

これらの測定は、厚生労働省や福島県によって行われ、その結果はホームページで公表されています。厚生労働省は、マーケットバスケット調査と陰膳調査の両方を行い、食品中の放射性セシウム、放射性ストロンチウムとプルトニウムの検出状況をモニタリングしています。放射性ストロンチウムとプルトニウムは、きわめて専門的な測定技術が要求され、民間では測定がむずかしい核種です。活用すべきデータと言えるでしょう。これらの調査の結果のほか、福島県を含む各自治体や、国立医薬品食品衛生研究所の検査結果もまとめて公開しています。福島県では、「日常食の放射線モニタリング」という名称で、陰膳調査を行っています。国の測定と同様、放射性のセシウム、ストロンチウム、プルトニウムについてチェックを行いホームページで公開しています。

また、民間組織による測定も行われています。こちらは放射性セシウムの測定です。福島の生活協同組合・コープふくしまは、組合員の協力を得て、陰膳方式によって福島県内の住民が受ける内部被ばくの線量を推定しています。２０１１年度の調査は１００家庭が協力しました。その結果の一部を紹介します（図4・5）。同じ方法で、京都大学と朝日新聞が共同で、福島県

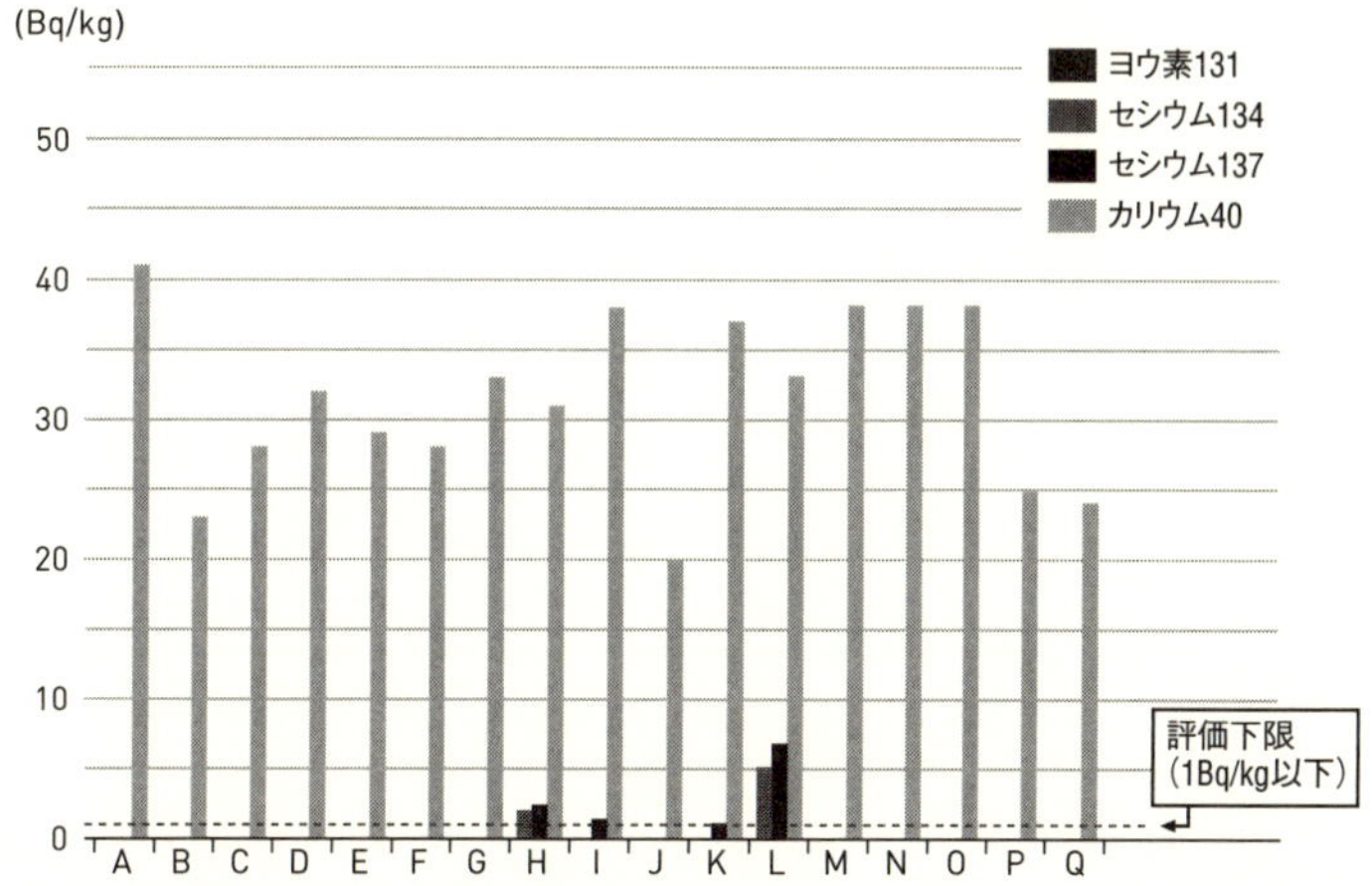

図4.5　陰膳調査による食品中の放射性セシウム（2011年11月～2012年3月）
（提供：コープふくしま）

内の住民から26家族、福島県外の住民として関東と西日本から合計で53家族を調査しました。この調査では、福島県内に住む26家族で中央値は4ベクレル、1年間食べ続けたとして0・02ミリシーベルトという結果が出ています（京都大学・朝日新聞、2011）。

（3）事故後の回復期――摂取状況の測定

WBCを用いた体内放射性物質の測定は、国や自治体が定期的に実施するものですが、事故の前は、防災上の緊急時被ばく医療におけるスクリーニングとして位置づけられていました。事故後の回復期に、内部被ばく測定として、食品を介して放射性物質が取り込まれているかどうかを確認し定量するためにWBCを活用することは想定されていなかっ

表4.3　ホールボディカウンターによる内部被ばく検査の結果（福島県）

線量	2011(H23)年6月～ 2012(H24)年2月	2012(H24)年3月～ 2014(H26)年11月	計
＜1 mSv	22,691	210,508	233,199
1-2 mSv	14	0	14
2-3 mSv	10	0	10
3 mSv	2	0	2

単位（人）

たのです。そのため事故後、福島県内ではＷＢＣが緊急に配備され、30台を超えるＷＢＣが設置されました。

現在、ＷＢＣは県直営（運営は委託）、自治体直営（運営は病院委託）、病院またはＮＰＯ法人などの3種に大別されて運営されています。福島県直営のＷＢＣ検査は、比較的初期被ばくの線量が高いと想定される地域の住民から対象者を選定し、「18歳以下の子ども及び妊婦の検査を平成25年度までに終える」という目標で取り組まれてきました。一方で、ＮＰＯ法人等が主体となって運営しているＷＢＣ検査（ひらた中央病院、福島市民放射能測定所など）は、検査を早く受けたい住民の受け皿として、自治体の測定を補完する役割となっています。

表4・3は、福島県がホームページで公開している内部被ばく検査の結果をもとに作成したものです。検査結果の推移を見ましょう。２０１２年（平成24）3月以降は、線量（預託実効線量）が１ミリシーベルトを超えた方はおら

れません。また、同年3月から11月の時点で、線量が1ミリシーベルト未満の方の9割以上はWBCの検出限界未満であったという報告があります（Hayano et al., 2013）。

健康サーベイランス

放射線の健康影響は線量との関係で推定することが可能ですが、常に線量を正確に把握することが可能とは限りません。そのため、その後の健康状態を注意深く見守り、万が一問題があっても自覚症状のない早期に発見して、発症を遅らせる・または発症を防ぐために行うのが健康サーベイランスです。

事故後の長期的な健康サーベイランスは、次の3つに分けることができます。①臨床的に有意な確定的影響（皮膚のやけど、白内障など）をもたらす危険があるような高いレベルの被ばくを受けた人々の健康調査、②潜在的な影響（主に発がん）に対する調査が必要な住民全体の健康調査プログラム、さらには、③科学的な知見を補強するための疫学的研究。

②の健康調査プログラムは、被災した住民を予防的に見守るという責任以上に、将来発生するかもしれない健康影響（リスク）にかかわる住民の不安に応えることに主眼があります。線量のレベルから，将来の健康影響が発生する可能性の低い場合であっても、被災した住民にリスクに関する適切な情報を提供しなければなりません。

②の健康調査と③の疫学的研究は関連して進められることが多いでしょう。いずれの場合も、どのような目的で・どのような疾病について調べる調査であるかをわかりやすく情報提供することが必要です。本人にとって結果がどのように役立つのかを納得してもらうことも大切でしょう。調査や研究を効果的に実施し、住民支援に役立つ有用なデータを得るためには、住民の被ばくの情報、疾病登録データの管理など信頼できる情報が必要です。これは、住民との信頼関係があって初めて可能となることです。

健康影響調査では、たとえば、初期の線量モニタリングとともに小児甲状腺がんに関するサーベイランスが注目されます（放射性ヨウ素は甲状腺に集中的に蓄積し、小児は甲状腺の重量が小さいので線量が高くなる可能性があるため）。福島の事故では、福島県県民健康調査において、基本調査（行動記録をもとに事故後初期の外部被ばく量を推定）のほか、健康診査、甲状腺検査、こころの健康度・生活習慣に関する調査、妊産婦に関する調査という大規模なサーベイランスが行われています。

除染——ある自治体の試み

除染は、事故後の生活環境を改善する対策として誰もが必要性を理解しています。その一方、どこまで／いつまでに実施するのか、除染に伴い発生した土壌の管理など、行政の指針による進め方だけでは行き詰まってしまう例が多くの市町村で経験されました。ひとつの切り口として、専門家の支援のもと、個人に焦点をあてた線量測定プログラムを導入することが、放射線状況をよりよく理解し、個人とコミュニティのレベルで対応できる範囲を具体的に明らかにすることにつながると考えられます。

伊達市では、自治体と専門家が主体となって地域組織を巻き込んだ「全市除染プロジェクト」を進め、学校や地域において住民が自ら除染活動に参加する動きをつくってきました。これにより地域の放射線レベルはかなり低減しましたが、昨今の「(全体では) 除染が進んでいない」という報道を受けて、伊達市市民生活部の方が、除染は科学的なアプローチだけでは進まない、住民との合意と正しい理解が不可欠であると実践から得た教訓を報告しておられます。

除染で必ず問題になるのが、除染により生じる廃棄物の処置です。具体的には、仮置き場と中間貯蔵施設の設置です。中間貯蔵施設の設置計画とその安全対策が進まなければ、仮置き場の設置も住民の理解を得ることは困難になります。伊達市の経験による考察から要約すると、「中間貯蔵施設の安全性の理解は除染を進める上で要となるものであるので、住民を巻き込んだ中間貯蔵施設の設置計画と安全対策について専門家と行政関係者の議論が必要であろう。住民の中には、〝毎時10マイクロシーベルトのものを1万個もってきたら、毎時10万マイクロシーベルト＝毎時１００ミリシーベルトになってしまう。そんな高線量が出ている中間貯蔵施設の近くに住めるはずがない〟というような思い込みをしている方もいる。このような思い込みに対しては、単に科学的な議論だけでは不十分で、住民の不安払拭には、住民の意識やメンタルな側面を支援するような努力が必要である」（平澤、２０１３）。科学だけでは解決できない側面を考え、国、専門家、市町村それぞれの役割が求められているとのことです。

放射線教育――ある自治体の試み

放射線教育は、放射線・放射性物質の実体を知り、被災地域で放射線・放射性物質といかに向き合っていくかという視点から必要性が認識されています。しかし、前項で述べた除染の問題以上に、科学的な扱いだけをとっても難しい問題に直面してきました。「放射線・放射性物質を正しく理解させ、正しく対応できる力を身につける」という趣旨の方針を国が示したときに、なぜ問題が起きたのでしょうか？　２０１１年3月11日の東日本大震災後に起きた福島第一事故は、社会的に大きな混乱を招きました。その中のひとつが放射線に関する情報を発信した行政や専門家に対する不信感です。とくに、事故直後には専門家と呼ばれる多くの研究者・技術者や医療関係者は社会から放射線についての説明を求められました。そこでは、状況に対する認識の違いもあるでしょうが、さまざまに異なる説明が並立し、社会からは異なるメッセージを専門家は発信していると受けとられ、放射線問題は専門家が述べることをそのまま受け止めることはできないという風潮が生まれてしまいました。

それでも社会は放射線専門家の助言支援を必要としています。ただ、さまざまな立場の関係者や市民の声を聞くと、放射線教育に求められる内容は被災地域の内と外ではかなり違うようです。そのような社会的な背景の下で、計画的避難の対象となった飯舘村は、２０１１年（平成23）12月20日に「飯舘村放射線教育推進委員会」を立ち上げ、翌年3月に「飯舘村放射線教育指導計画」が完成しました。

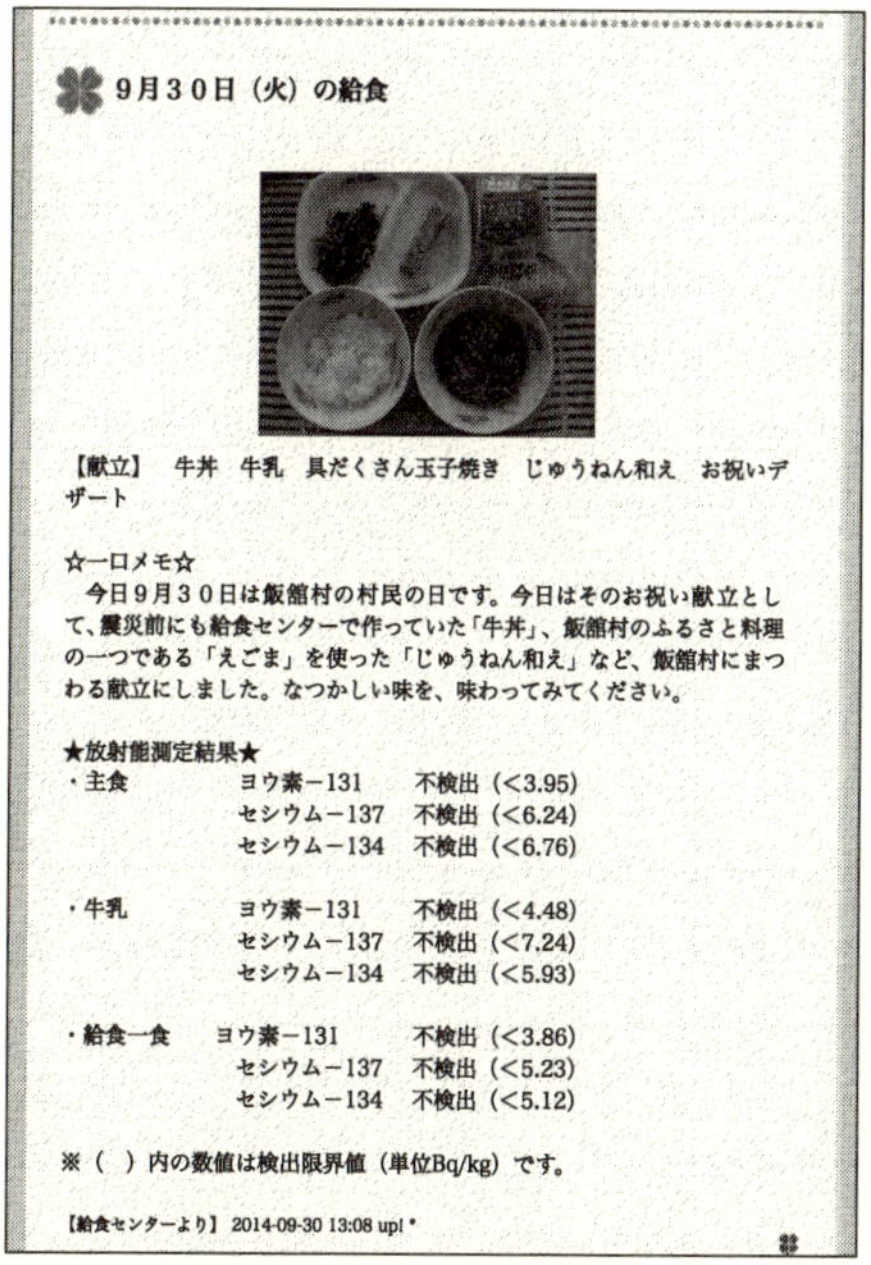

9月30日（火）の給食

【献立】　牛丼　牛乳　具だくさん玉子焼き　じゅうねん和え　お祝いデザート

☆一口メモ☆

今日9月30日は飯舘村の村民の日です。今日はそのお祝い献立として、震災前にも給食センターで作っていた「牛丼」、飯舘村のふるさと料理の一つである「えごま」を使った「じゅうねん和え」など、飯舘村にまつわる献立にしました。なつかしい味を、味わってみてください。

★放射能測定結果★

・主食	ヨウ素−131	不検出（<3.95）
	セシウム−137	不検出（<6.24）
	セシウム−134	不検出（<6.76）
・牛乳	ヨウ素−131	不検出（<4.48）
	セシウム−137	不検出（<7.24）
	セシウム−134	不検出（<5.93）
・給食一食	ヨウ素−131	不検出（<3.86）
	セシウム−137	不検出（<5.23）
	セシウム−134	不検出（<5.12）

※（　）内の数値は検出限界値（単位Bq/kg）です。

【給食センターより】 2014-09-30 13:08 up! *

図4.6　飯舘中ホームページ「給食センターより」
（提供：村立飯舘中学校）

しかし、その指導にあたる教員から60項目に及ぶ不安や疑問が出され、実際に放射線教育を開始する前に、教員が学ぶための研修会を進めていくことになりました。この研修会から明らかになったのは、教員の心の負担は想像以上に大きく、学校・教育委員会・専門家が連携する体制が必要だということでした。

そこで飯舘村では、①教員は指導案を作成し校長から指導を受ける、②当面は複数の教員によるチームティーチング形式で行う、③必要に応じて専門家の助言を受ける、という条件を整えた上で、平成24年の2学期から、実際の授業を開始しました。そして実践から生じた課題を受けて、平成26年度、「放射線教育指導計画」を大幅に改訂しています。今も、支援体制などを見直しながら、手探りの努力を続けておられます。

飯舘中学校では、給食の測定結果についてホームページで公表を続けており、担当の栄養教諭の方によると「食育の一環として行っている」とのことです（図4・6）。放射線教育の試みのひとつと言えるでしょう。

放射線教育は、単なる「理科」の授業としての性格を超え、社会的な性格をもったものになってきました。原発事故がもたらした放射性物質汚染によって現在も避難が続いていることや復興に向けた除染対策などが進んでいる中では、必然のことです。それだけに、「放射線・放射性物質の実体を知り、被災地域で放射線・放射性物質といかに向き合っていくか」という趣旨は理解できても、実際の教育現場が抱える問題の解決には容易でないものがあります。

専門家と住民との関係について、111の著者ロシャール氏はＩＣＲＰダイアログセミナーで述べています。「チェルノブイリの経験から、専門家は知識や情報を伝えることよりも現地の人々の意志を実現するために助言することが大切です。人々が専門家になるのが目的でもないし、専門家が人々を指導するのでも駄目です。人々と専門家が協力していくしか道はありません」

学校現場における放射線教育のあり方は今後も議論が続くでしょう。原発事故後のわが国において、とくに放射性物質による汚染を受けた地域においては、従来の学校教育の科目のひとつとして扱うことよりも「現実の問題解決と向き合うために何をすべきか」という切り口で、学校の先生方を含めた専門家が地域の人々と協力していく姿が必要であるように思えます。

4.2 被災した住民による防護対策

自助努力による防護対策とは？

原子力事故からの復旧段階では、ほとんどすべての事例で、国や自治体の行政機関が行う防護対策以外に、被災した住民自らによる防護対策が行われました。これをＩＣＲＰは「自助努力による防護対策」と呼んでいますが、非常に重要な活動です。

表4.4　住民の自助努力による防護対策

- 住民自身による放射線状況の特性把握
  生活の場の周辺線量率、自家菜園の食品の汚染
  自分が責任を負う人々（小児や高齢者）の放射線量把握
- 居住する地域の放射線地図の作成
- 被ばくを低減するための生活様式に適応する
- 環境の放射性汚染の管理
  家庭からのゴミ、暖炉から出る灰などに対する注意
- 被災した住民の代表と関係する専門家が参加する地域フォーラムの設置
  情報の収集と共有、防護戦略の有効性の評価

放射性物質の汚染レベルの空間分布は時間とともに変化していきます。このような状況を自ら把握し、どうすれば被ばくを低減できるか考えながら動くことで、より機敏に効果的に自分たちの安全と健康を守ることができるというのが、自助努力の対策が重要である理由です。

住民の自助努力による防護対策について、よく実施される例をまとめておきます（**表4・4**）。

モニタリング
――個人の被ばくに関係する放射線情報を得る

まず、生活環境の汚染状況がどの程度なのかを把握することが必要です。汚染状況を把握すべき生活環境には、次のものがあります。

- 土　壌
- 建　物
- 日常生活で移動に利用する道路

- 生活のなかで長い時間を過ごす場所
- 食品・飲用水
- 日常よく使用する物品

これらの汚染は、放射性物質濃度（ベクレル／㎡、あるいはベクレル／kg）、空気中の放射線の線量率で知ることができます。土壌や建物などの汚染は、外部被ばくと内部被ばくの原因となります。外部被ばくは、空気中の放射線の線量率（マイクロシーベルト／時）を測定することで把握することができます。ある場所に居続けるとその場所の線量率に時間を乗じて得られる線量（マイクロシーベルト）になることが予測できますが、実際に受ける線量は、同じ場所に居続けることがないために、いくつもの場所の線量率と各場所に留まっていた時間を積算したものとなります。これと同じ積算値を得るためには、個人の線量を測定するためのモニタリング機器を自ら装着して測定することのほうがより簡便で、正確なものとなります。

内部被ばくは、ホールボディカウンター（ＷＢＣ）を用いて体内にある放射性物質の量（ベクレル）を測定することから推定が可能です。ＷＢＣの結果から推定される内部被ばくの線量は、測定された放射性物質の量から摂取の仕方、摂取した時間、摂取した人の年齢など種々の要因により変わりますので、専門家の支援を受けて知ることになります。なお、放射性物質の種類ごとに、１ベクレルあたりの推定被ばく線量（線量係数）が計算されており、これを参考にすることもできます（ICRP Publ.72, 1995）。

民間組織による内部被ばくのモニタリング活動については、４・１節で先行して２つの例を紹介しました。そのうちのひとつ、コープふくしまの陰膳測定は２０１１年から始まり、参加家庭を増やしつつ、現在も続いています。さらに、コープふくしまの活動は、その後、外部被ばくの測定へと展開を見せています。配達員が個人線量計をつけて日常業務時の外部被ばくを測定する。全国のつながりのあるコープに呼びかけて、各地の会員の協力を得て国内複数地点における線量を計測し、福島の状況との対照確認を行う。このように、日常業務のなかの計測を通して放射線への知識と互いの対話を深めています。注目される動きです。

また、ＮＰＯ法人が運営を行うＷＢＣによる測定も、公的機関とは違う機動力と柔軟さを活かして地域に欠かせない存在となっており、そこから新しい試みが生まれています（コラム３）。

被ばく管理——放射線情報に基づいて自分用に防護対策を調整する

外部被ばくは、居住地域の汚染地図を作成することで、汚染状況を把握し、比較的高い線量率が記録された場所に留まる時間をできるだけ短くすることで線量を低減することができます。自分の生活のなかで著しく線量に影響を与えている場所を知ることが大切です。外部被ばくの線量を大きく左右するのは居住環境の汚染状況ですが、平面の汚染地図だけでは直接の情報とならないので、線量率の空間分布を表現した地図があると有用なものとなるでしょう。

内部被ばくは、日々の食事から放射性物質を摂取することで生じる可能性があります。このため、食品中の放射性物質濃度（ベクレル／kg）を測定し把握する必要があります。食品によっては土壌などから放射性汚染が移行しやすいものがあります。他の食品より汚染されやすい食品を知っておくこと、そして、食品の放射能測定値にはカリウム40など自然の放射性物質も含まれると知っておくことが、注意すべき食品を判断する情報となります。市場に流通する食品中の放射性物質濃度の測定は、国や自治体が中心となって行い、情報を住民に提供することが基本となります。住民が自ら家庭菜園で生産したものについては、あらかじめ、汚染レベルが高くなりにくい食品を選別し、菜園内の土壌汚染レベルを自治体や専門家の支援を受けて把握しておく必要があります。さらには、土壌から植物へ放射性物質が移行しにくいように対策をとり、汚染を減らす方法を検討しておかなければなりません。

自助努力による防護対策を促進するための支援

住民が自ら防護対策を実施していくためには、住民が自ら放射線の被ばく状況を把握し理解することが必要です。そのために、国や自治体は既になされた測定の結果を提供するだけでなく、住民が自ら測定できるようなモニタリング機器の提供とその使用にかかわる訓練を行うなどの支援を行うべきです。
２０１１年3月の事故発生以降、住民が自ら行う防護対策がさまざまな地域で見られました。生活環境の汚染状況がどの程度なのかを、住民自ら把握するための環境測定がヨウ化ナトリウムシンチレーション放射線測定器やGMサーベイメータを利用して行われました。国や自治体レベルの調査だけでは行き届かない場所の汚染レベルを詳細な地図として把握したいという住民の思いがこのような測定を進めました。食品の放射性物質濃度についても、住民自ら測定する動きが各地で生まれました。放射線の測定は、対象に適した機器と測定精度の知識を持った専門家が支援するかたちで行われるべきですが、そうでない場合には測定結果の信頼性などに問題が出てきます。支援体制の検討が必要です。

内部被ばくについては、汚染した食品を介して生じる被ばくの状況を把握することや、食品の放射性物質のレベルや食習慣を変更したことによる影響を評価できるように、ホールボディカウンター（ＷＢＣ）による定期的な測定が注目されます。しかし、ＷＢＣは遮蔽材と大型放射線検出器からなる高価な装置であり、住民が自ら測定用に入手するのは困難です。そのため、一部の住民のあいだでは、子どもの尿を測定し、内部被ばくの線量を推定する動きが福島第一事故の後に見られました。尿の測定は、専門業者に委託する方法をとっているようです。尿中の放射性物質濃度から体内摂取量の推定や被ばく線量（預託線量）を計算するときに、摂取のシナリオや対象者の年齢などによって推定の結果が大きく異なることがあります。ＷＢＣの結果からの推定と同じく、専門家の支援を受けて進める必要があります。

信頼性の高い測定結果を入手できるようにする支援だけでなく、住民が測定結果を有効に活用するための支援も、行政が考えるべき大切なことでしょう。福島の事故後の復興活動において、個人測定の結果を本人によりわかりやすくフィードバックする手立てを探るなかから、従来にない発想による個人線量計測ツールと活用スタイルが生まれています（コラム3参照）。住民が、自分の線量を日常の行動とつなげて理解することで、より確実に自らの被ばく状況を改善していく効果が注目されます。

地域フォーラムの設置

住民が自ら行う防護対策を効果的に実施していくために、被災した住民の代表者と関係する専門家が参加する地域フォーラムを設置することで、放射線状況に関する情報の収集と共有を行うことができます。このフォーラムをうまく活用することによって、国や自治体が行っている防護対策と住民が自ら実施している防護対策の有効性を建設的に評価することができるでしょう。先に紹介した伊達市の「全市除染プロジェクト」は、除染を中核とした地域フォーラムの例といえます。

ＩＣＲＰがいう地域フォーラムの導入に積極的に動いた自治体として千葉県柏市があります。柏市は首都圏の中では比較的高い線量率が測定された地域として注目されました。地域フォーラムの設置に際して、住民の代表者として誰を加えるのかなど、現実的な議論が柏市ではありました。被災した住民の代表者と関係する専門家が参加する地域フォーラムの設置は、事故という特殊な状況だからこそ組織が難しい面がありますが、その特殊な状況だからこそ重要な役割を果たすことも認識しておかなければなりません。

防護対策決定への住民参加

国や自治体が行う防護の政策決定や実施に被災した住民が参加することは、地域の復旧を進め、生活の質を自ら効果的に改善していく上で重要と認識されるようになってきました。国や自治体が行う防護対策を、被災した住民が理解し納得してともに進めるためには、住民の参加は不可欠です。また、住民が行う防護対策と相互に連携させ、効果的な放射線防護を進めていくためにも、国や自治体の政策決定への住民参加が必要であるとＩＣＲＰ111は述べています。

この考え方を実践するために、ＩＣＲＰは福島でダイアログセミナーを開催し、住民、専門家、行政関係者、メディア関係者などが意見交換をする場を設けています。ダイアログセミナーは防護対策決定の場ではありませんが、このような集まりが、国や自治体が行う防護に関する政策決定や実施に被災した住民が関わることの重要性を認識する場であると考えています。

例えば、２０１２年7月に行われた「食品についての対話」では、消費者、生産者、流通業者のそれぞれの立場からの思いが率直に語られました（ＩＣＲＰ通信、２０１２）。正確な情報が伝わっていない現状に対する不満を述べながらも、消費者と生産者の思いが一致しなければ福島の復興は難しいという認識が消費者にはあります。生産者は桃の木の除染など自主的な努力にもかかわらず、大手量販店が福島産を嫌う現状を憂いています。流通業者はその狭間にあって、風評被害を避けるための動きをする。それぞれの立場の違いは対話を通して、福島の復興という共通の目標に向けて必要な取組みを考える契機となりました。

このような対話は、防護対策の決定に住民が直接参加することに至るものではありません。住民の防護対策決定への参加は、行政側にそのような経験がないこと、何よりも住民参加のためのルールがないことが障害となっています。住民の防護対策決定への参加は、事故後の防護戦略において重要な鍵となるものであり、放射線防護の一環であるという認識をもつ必要があります。

4.3 福島第一事故の教訓——柔軟な防護対応を可能にするもの

歴史的な複合災害の教訓

福島第一原発の事故が起きた当時、現存被ばく状況に対する法律は存在しませんでした。緊急時被ばく状況についての法律も必ずしも整備されたものではありませんでした。国や自治体が行うべき防護戦略が事前にない状況で、事故の進展は次々と緊急の決定を迫りました。このなかでの政府の対応は、従来の計画被ばく状況についての考え方に強く影響を受けたものになり、これはいろいろな面で問題を残すことになりました。一方で、こうした一連の決定は、社会的な合意がない中で政府が都合よく決定したという批判を招きました。結果として、かなりの決定において住民の信頼をなくすことになってしまったのは残念なことです。今回の原子力事故は、地震・津波という歴史的な複合被害への対応と同時進行で防護戦略を検討しなければならなかったために、被災した住民に対して防護戦略の全体像と優先度を示すことができなかったと考えられます。住民からの声をすくいあげタイムリーに生かす仕組みもなく、それぞれの時点で優勢な世論に影響を受けて対応が揺れてしまったと見ることもできます。

チェルノブイリ事故の経験から、汚染を受けた地域内では社会的・経済的な活動とともに住民の日常生活のあらゆる側面が影響を受けることが明らかになっています。この点にＩＣＲＰは注目してきました。汚染した地域で生活していくことは放射線防護だけの問題に留まらない複雑な状況であり、健康問題以外にも、環境、経済、社会、心理学、文化、倫理、政治などの関連するあらゆる側面を決定に際して配慮しなければならないと考えています。

このような防護戦略は、計画被ばく状況における戦略とは異なるものにならざるを得ません。そして柔軟さが必要とされます。柔軟さとは、全体の骨格が事前に固められていて初めて発揮できるものです。これは福島の事故から得た放射線防護の教訓でしょう。福島の事故の前に勧告されていたＩＣＲＰ111の考えは、わが国では残念ながら整備されないまま、原子力事故に遭遇することになったのです。

計画被ばく状況
放射線や放射性物質を人間の活動に、利用と防護の計画を立て、その範囲で利用する状況。このとき受けると予想される被ばくが「計画被ばく」。放射線源の制御が可能であるので、より低い被ばくとなるよう計画的な制御が求められる。

緊急時被ばく状況
放射線・放射性物質の利用から予期しない事故が発生し、その被ばくに緊急対応が必要な状況。短期の被ばくが100mSvを超えないことを優先して、さまざまな経路からの被ばくを抑えることで被ばくの低減を図る。

現存被ばく状況
防護を考える時点ですでに被ばくが存在する状況。自然放射線・自然放射性物質からの被ばくや、事故後に残存する放射性物質からの被ばくを呼ぶ。

column 2

ICRPの勧告と日本の放射線防護関連法令のつながり

ICRPは1928年創設。放射線による健康障害から人々を守るための考え方や数値基準を発信し、活動を続けているNPOの国際学術団体です。ICRPが勧告する放射線防護の体系は、各国での放射線規制に長年利用されてきました。わが国でも、ICRPの勧告を尊重し、それを土台に日本に必要な事柄を検討して、放射線防護関係法令に取り入れるという基本姿勢が採られてきました。

放射線防護関係法令には、「放射性同位元素等による放射線障害の防止に関する法律（障害防止法）」、「核原料物質、核燃料物質及び原子炉の規制に関する法律（規制法）」、「電離放射線障害防止規則（電離則）」などがあります。

1962年の勧告（Publication 6）で初めてICRPの放射線防護の考え方が各法令に取り入れられ、ICRP 1977年勧告（Publication 26）は1989年に国内法令に取り入れられました。現行の放射線防護関係法令は、ICRP 1990年勧告（Publication 60）に基づいて検討した結果であり、2001年に導入されました。ICRP 2007年勧告（Publication 103）は、放射線審議会で導入の検討が進められていましたが、2011年1月に中間報告「国際放射線防護委員会（ICRP）2007年勧告（Pub. 103）の国内制度等への取入れについて―第二次中間報告―」が出された後、同年3月、東日本大震災が発生したのでした。その後、2007年勧告導入の審議は止まったままになっています（2014年12月現在）。

＊メモ＊　ICRP勧告のなかで、全体方針を示す勧告は「基本勧告」（主勧告）と呼ばれています。上記のPublication 6、26、60、103はその基本勧告です。基本勧告は、放射線防護全般の根底となる事項を検討し、具体的な防護テーマについてはその基本勧告に属する一連の勧告で展開されていきます。ICRP 111は、2007年勧告のグループです。

福島第一事故での防護戦略の実際——見えてきた課題のひとつ

複合災害への防護戦略が明確でない状況で発生した原子力事故に対し、国や自治体だけでなく、研究機関、民間組織と企業、ＮＰＯ団体と個人ボランティアなど、それぞれの立場で試行錯誤の支援努力がなされています。

とくに緊急時において、ＮＰＯとボランティア、そして住民どうしの機動的な助け合いが著しい力を発揮しました。これは福島第一事故の特徴と言えるでしょう。地震と津波の被害にも公的救助が求められ、加えて余震と事故進展が続くという混乱のなか、被災した住民自身も含むＮＰＯとボランティアは公的支援が足りていない分野をそれぞれに判断し、インターネットも活用して機敏に、中身の濃い多彩な支援活動が展開されました。そのいくつかを紹介するにもむずかしいほどです。

事故後の緊急時が過ぎたのち、これらの自助と互助の活動には、当初の目標を果たして終わったもの、公的活動に引き継がれて終わったもの、独自の視点から現在も展開されているものがあります。多彩な人材が集まるこれらの活動には、生活者としての多角的な視点が見られるのが特徴です。そのなかから、今後に活かすべき指摘がいくつも挙がっています。そのひとつをご紹介したいと思います。

福島第一事故の場合、国や自治体が行うべき放射線防護（4・1節）は比較的大規模に行われているなかで、その結果が被災した住民にわかりやすいかたちで提示されていないため、まだ充分に生かされていないという声があります。

一方で、コープふくしまや、京都大学と朝日新聞が共同で行った陰膳方式による内部被ばくの線量調査などは、民間の機関が独自に行っているものですが、測定の結果が一般市民に届きやすいかたちで伝えられていることが特徴的です。たとえば、ホームページでの告知における親しみやすい説明と図解（図4・5）や報道への働きかけなど、必要な方に必要な情報が届くように、日常の業務で培ってきた広報のノウハウをうまく活用しています。

また、事故後多く福島県内に配備されたWBCですが、行政機関が主体となって運営する場合、強い不安を抱える住民から優先して測定するような機敏な測定計画の変更は難しい一面があります。その状況のなか、NPO法人等の非行政機関が主体となって運営しているWBC検査（ひらた中央病院、福島市民放射能測定所など）は、検査を早く受けたい住民の受け皿となり、その強い不安に向き合う役割を担ってきました。これら非行政機関のWBC検査では、測定に加え、対面での説明の機会を積極的に設け、その結果を国際的な論文として発表するなど、やはり多くの自治体の結果公表だけでは知りにくい情報の発信も行なっている、と言えます。

国や自治体で行う検査では手が届きにくいレベルに、個人線量を測定する機会やその結果をまとめた情報を届けようとする取り組みは、ここに挙げたもののほかにも、小規模ながらいくつかの萌芽が見られます。

そのような取り組みに見られる共通点が2つあります。説明を加える専門家が国や自治体といった枠を超えて住民と接するための仲介者がうまく機能していること、個人線量測定の結果を当事者であるご本人が身近な生活に役立てていただけるよう日常の場面と結びつけた具体的説明に努めていること、です。

「個人線量測定」はコミュニケーションのきっかけになるか？

事故から約4年が経過し、さまざまなデータが蓄積され、福島における放射線リスク、特に内部被ばくのリスクが十分に低く保たれていることが明らかになりました。データは公開され、そのつど報道されていますが、必ずしもそれが不安の払拭につながっていないことを示す調査結果も出ています。

たとえば南相馬市立総合病院で、小中学生の学校検診の一環として実施されたＷＢＣ検査の際の問診票からは、約4分の3のご家庭で福島県外産の食品を選んで買っている実態が浮かびあがってきました（Tubokura et al., 2015）。また、福島市が平成26年5月に実施した放射能に関する市民意識調査（第2回）で、約4分の1の方が「できれば避難したい」と回答されるなど、多くの方が言葉にならない不安を抱えて暮らしておられることが伺えます。

事故の後、個人の被ばく線量を測定する取り組みは多くの自治体で行われています。測定結果の通知を持っている方もかなり多いはずです。しかし、その結果が必ずしも安心につながらない方々もおられます。また、測定した結果について個別に説明を聞ける機会や、結果を生かした被ばく量低減のための取り組みが乏しいことを知り、測定そのものを断る方も少なからずおられます。

これは、測定することや測定結果を知ることが、ご本人にとって生活の改善や今後の指針にならない、ということです。本来、放射線防護は現状を知らなければ始まりませんが、測定値だけを知っても、それをどう考えればいいのか、どのような対策を立てればいいのかを話したり、実際の取り組みに生かしたりする場がほとんどない、と言えます。

測定と説明がセットになっていないことは、放射線に関する多彩な悩みを打ち明ける場がないことにもつながっています。放射線に関する講演会や勉強会は日々行われていますが、多くの方を対象にした講演会では「自分と家族の結果」についての相談はしにくいものです。また、自治体が個人線量測定の結果についての説明会を後日行っても、多くの方は日々の生活に追われ、新たにもう一度足を運ぶことは難しいようです。さらに(個別説明の場が持てたとしても)、1か月分をまとめた数字だけが示される線量計の測定結果は、日常生活のリズムや具体的場面との関連が見出しにくく、理解を深める対話の材料になりにくい、という問題もあります。

測定結果を一人ひとりの生活に役立てていただくためにどのように伝えるか？　これが現在の大きな課題になっています。その回答のひとつを本章の最後にご紹介したいと思います。個人線量の測定をコミュニケーションのきっかけと考える取り組みです（図4・7、コラム3）。

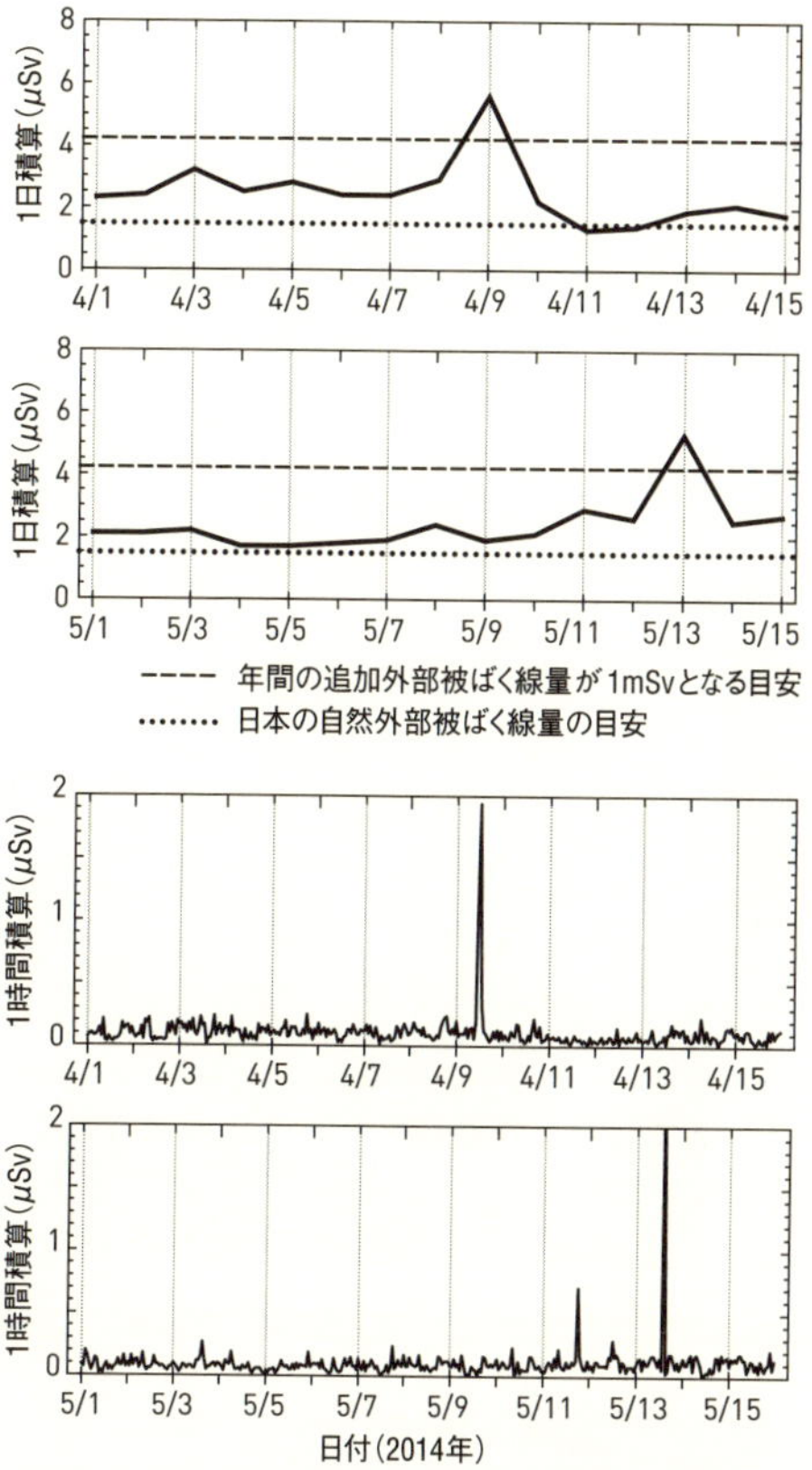

図4.7　生活との関連がわかる個人線量測定の例
屋内業務中心で時に県内出張を伴う福島県在住の成人（本人の提供による）。平日の日中は、屋内勤務のため全体に低め。いくつかのポイントを見ると、
4月9日：帰還困難区域の近傍（空間線量1〜3μSv/h）に滞在し高め。1時間値で見ると午後0時台に高値。滞在時間帯に一致。
4月11、12日：両日とも横浜に滞在し低め。
5月11日：夕刻に0.7μSvほどのピーク。国道6号線の縦断による。1日積算量には大きく影響せず。
5月13日：1日積算量が4月9日並みに高いが、所持状況と1時間値の結果より電気的ノイズであると確認。

をもとにした測定の結果は「自分自身のもの」として強い興味を惹くため、対話のきっかけとコミュニケーションの円滑化に大きく役立ちはじめています。　（本コラムの写真：早野龍五氏）

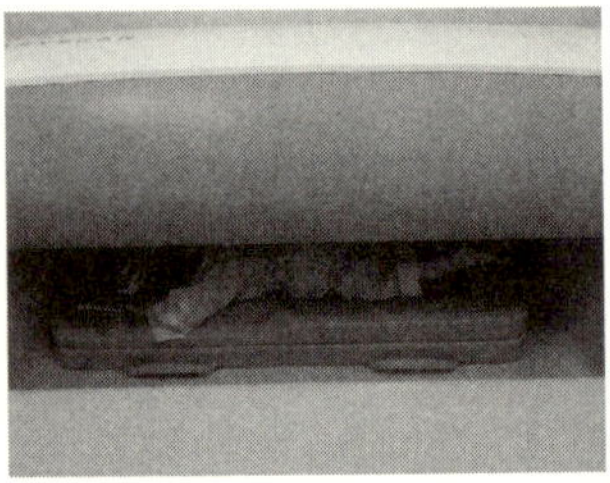

赤ちゃん測定中

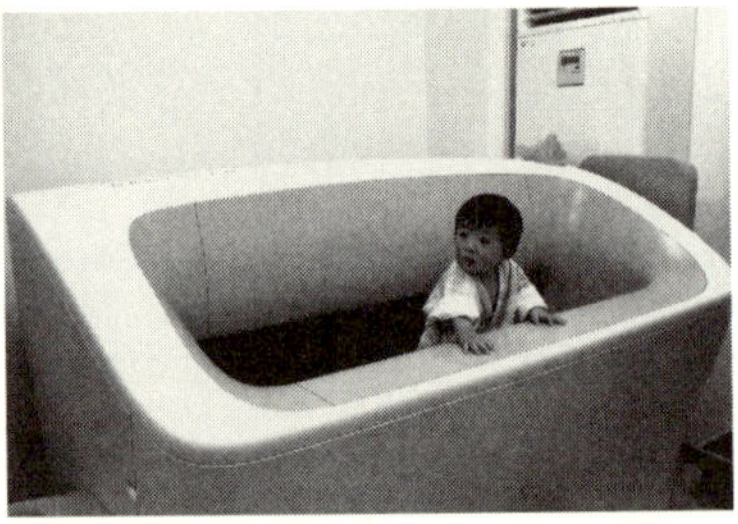

「ママ、もうおわり？」「次はね、おはなし」

外部被ばく・面談中
「ここは高めですね」
「あ、そのあたり、外にいる時間が長かったかも」

column 3

個人線量測定からはじまるコミュニケーション

個人測定の結果は、その人がどのように暮らし、何を食べて生活してきたかを反映しています。測定が進むにつれて、特に、福島第一事故後の人々の内部被ばく線量は予想に比して非常に低く、さらにその大小は「福島に住むこと」ではなく「何を日常的に食べているか」に深く関係していることがわかってきました。これら測定結果の意味を知ることは、これからどのような生活をしていくかの判断材料になるはずです。

しかし、個人測定の結果のほとんどは、封書の通知として郵送される紙面上の数字だけで伝えられるため、測定結果と生活とのつながりを自分だけで理解し、今後の判断にまで至るのは非常に困難です。一方で、個人の測定結果を本人に対面で説明する機会は極めて少なく、本来コミュニケーションに大きな力を発揮するはずの測定結果がうまく活用されていません。

そのようななかで、説明の場の拡大に役立つ新たなツールが登場してきています。内部被ばく検査においては、赤ちゃんを育てる家族の強い不安の声に応えて、乳幼児用ホールボディカウンターが開発されました。配備された各機関では、測定と併せて積極的に対面説明を行っています。これまでホールボディカウンター検査の対象にならず、個別の対話にも足を運ぶことがなかった方々に対し、検査を受けに各機関を訪れた際に説明者と語り合う機会を提供する、という重要な役割を担いはじめています。

外部被ばく測定においては、放射線作業従事者が長年使ってきた電子式積算線量計を改良し、月・日単位から、時間・分単位での積算線量を知ることができる機器がいくつか登場しています。これらの機器は、時間帯ごとの積算線量が細かくわかるため、立ち寄った場所ごとに受ける外部被ばく線量がどの程度なのか、手軽に精度良く評価できるようになりました（図4.7）。自分の行動

5章

汚染された食品の管理

汚染地域を持つ国における食品の放射線に関わる質の管理のため、農業生産、農村地域の復旧および被災した地域社会でそれなりの生活水準を維持する必要性よりも、消費者の個人的選択の方が重要かどうかを決める際には、関連するステークホルダー（当局、農業組合、食品産業、食品流通、非政府消費者団体、その他）および一般市民の代表者を関与させるべきである。国内においてある程度の連帯を作り上げるため、国レベルでの徹底した討論が必要である。

——ICRP 111（84）項

ＩＣＲＰ111の6章は、原子力事故の後に汚染が生じる可能性がある食品やその他の物品について、管理上の注意と国際ガイドライン、予想される問題と対応の在り方を論じています。この内容を、本章では食品の管理にしぼってご紹介します。

まず一連のグラフでセシウム濃度の高い食品の状況はどのように推移したかを確認し、続いて事故直後からの社会の動きを振り返り、ポイントを解説しつつ管理の難しさを考えます。111でなされた事故後の食品管理への提言、その精神をお伝えできればと思います。

5.1 食品のセシウムレベルの推移

食品の放射性汚染について全体像の確認から始めましょう。事故が発生した平成23年度（２０１１年４月～２０１２年３月）の食品検査で、１kgあたり５００ベクレル超の結果が頻出した食品を厚生労働省発表資料から**表5・1**にまとめました。年度ごとの変化を見るのが目的です（「梅」「うめ」「ウメ」など品目の標記にゆれがあるため、完全な集計ではない場合があります）。

検査は、セシウム汚染が見つかった品目について集中的に行われ、また、牛肉については全

表5.1　平成23年度の検査でセシウム500Bq/kg 超が頻出した品目

	品　名	超過件数
水産物以外トップ10	牛肉	151
	茶（製茶）	124
	イノシシ	113
	乾シイタケ	60
	原木シイタケ	60
	ホウレンソウ	60
	タケノコ	56
	茶（生葉）	28
	ブロッコリー	21
	ウメ	11

	品　名	超過件数
水産物トップ10	コモンカスベ	43
	アイナメ	35
	アユ	21
	シロメバル	14
	ヤマメ	14
	ヒラメ	10
	ワカサギ	9
	マコガレイ	8
	ドンコ	8
	ババガレイ	7

＊茶については、事故後初年度は「茶葉」を測定していたが、翌年度以降、実際に摂取するときの状態である「（茶葉からの）抽出液」の測定に変更された。
（本節の表には三重大学・奥村晴彦氏の「食品の放射能データ検索」を活用）

頭検査が実施されました。したがって、実際の消費量に対する汚染食品の割合を反映しているわけではありません。また、これらの食品のほとんどは流通前の検査で発見されたもので、市場には出回りませんでした。

平成23年度には、放射性セシウムで汚染された稲わらが原因で牛肉が汚染されたり、放射性セシウムが降下して茶葉やホウレンソウなどの葉物野菜が汚染されたことが大きく報じられました。また、水産物では、茨城県沖から宮城県沖までの近海魚の多くに出荷制限がかかりましたし、内陸の淡水魚からも高濃度のセシウムが検出されました。

すべて両対数グラフ。グラフごとに横軸の最大値が異なる。

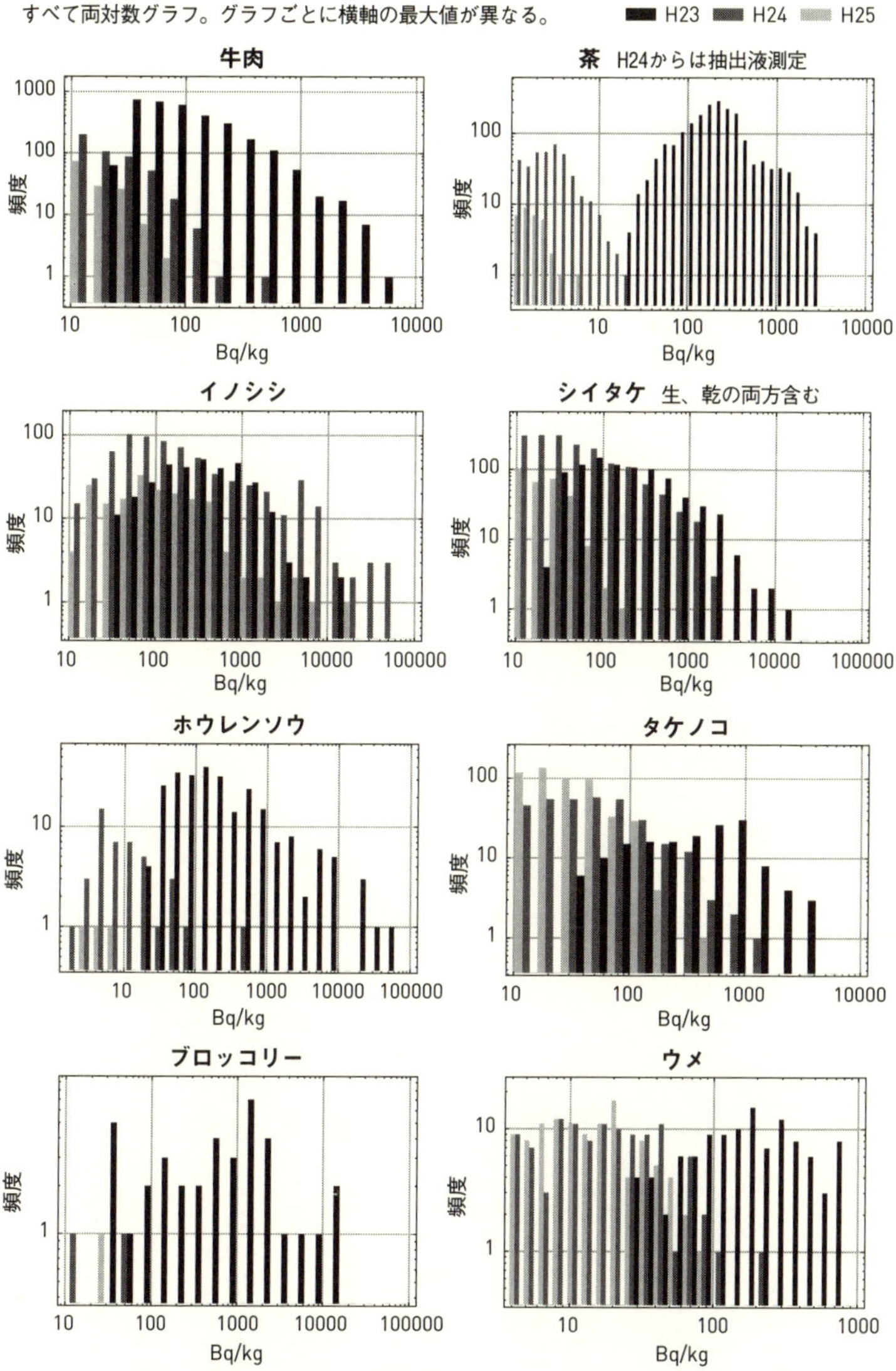

図5.1　セシウム500Bq/kg超の頻度とレベル－水産物以外
（平成23年度から25年度）

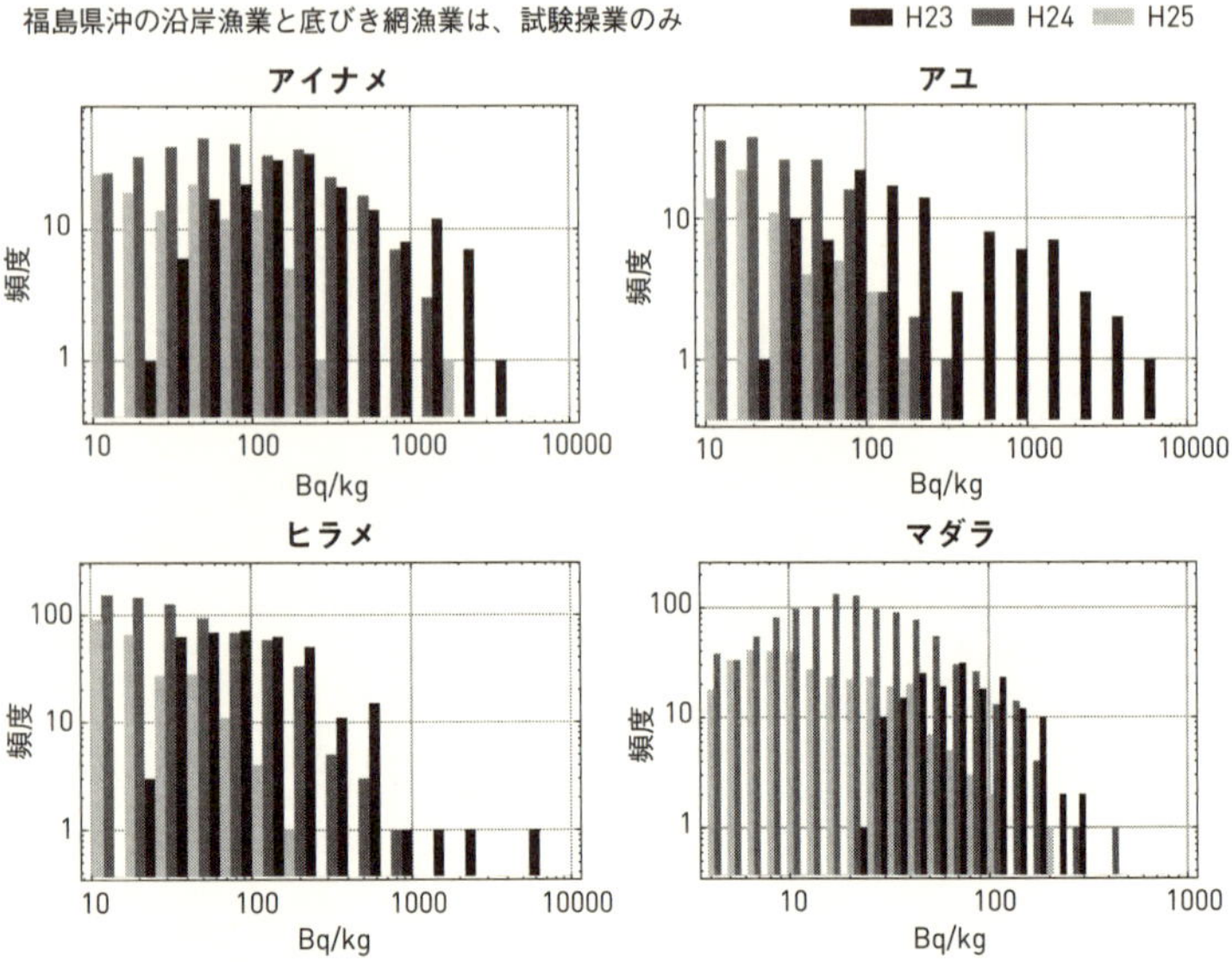

図5.2　セシウム500Bq/kg超の頻度とレベル—水産物
（平成23年度から25年度）

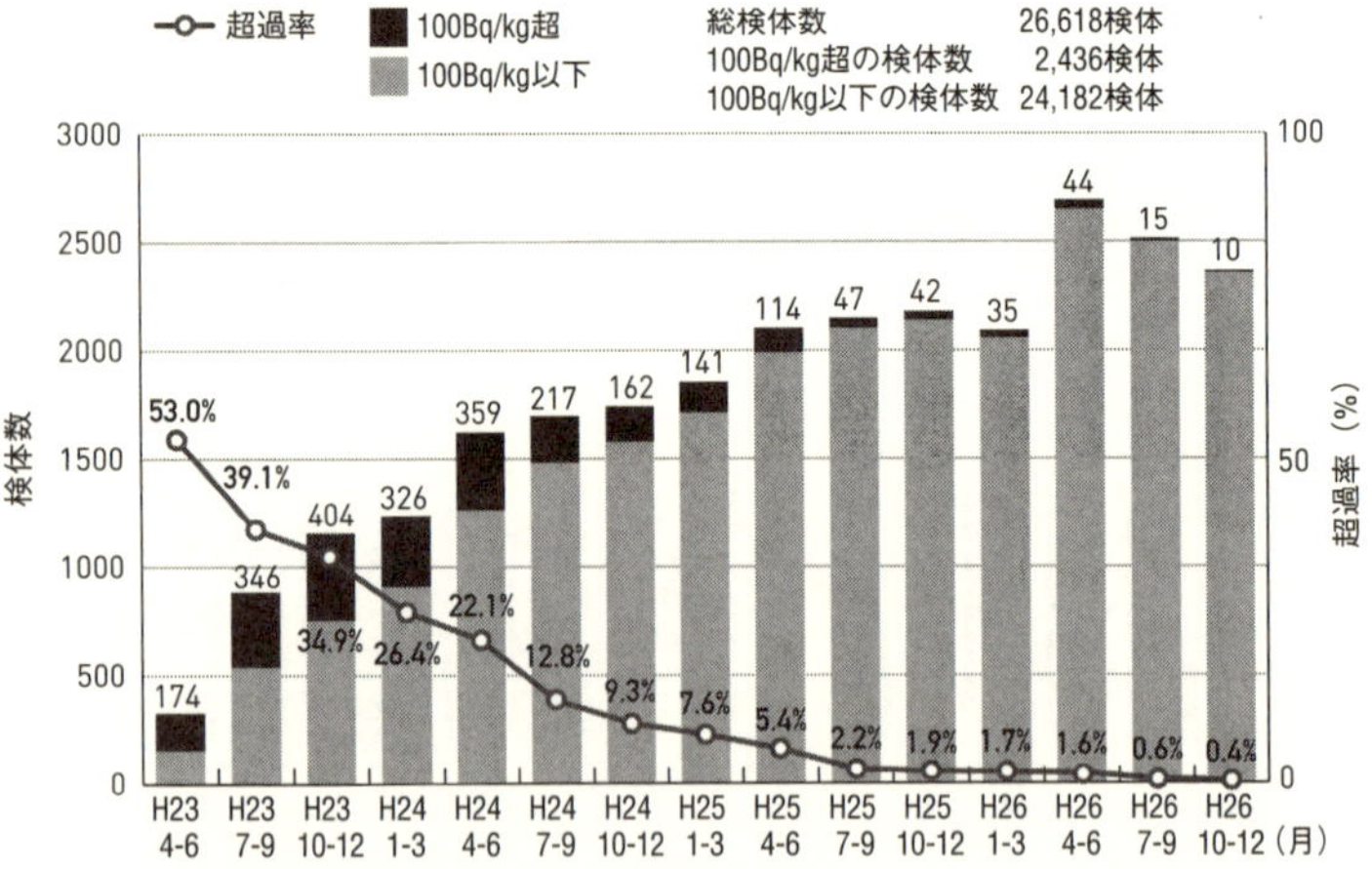

図5.3　水産物の放射性物質調査の結果—福島県（2011年4月〜2014年12月）
（水産庁ホームページ）

表5.2　平成25年度の検査でセシウム100Bq/kg超が出た品目

品　名	超過件数	品　名	超過件数
イノシシ	86	乾シイタケ	2
コシアブラ	46	フキ	2
大豆	38	カルガモ肉	1
タケノコ	32	ワラビ塩漬	1
タラノメ	25	うど	1
ニホンジカ	20	ネマガリダケ	1
ツキノワグマ	15	ヤマドリ肉	1
ワラビ	13	干しぜんまい	1
ココミ	10	梅干（漬物）	1
ゼンマイ	6	サンショウ	1
ウワバミソウ	4		

これらの食品は、平成24年度以降も継続して検査され、その結果が公表されています。初年度に汚染が頻出した食品のセシウム濃度が、平成24年、25年にどのように変化したかを、**図5・1**と**5・2**に示します。牛肉やホウレンソウなどは対策が行われた結果、24年以降はセシウム濃度は大幅に下がりました。そのほかの多くの食品についても、セシウム濃度は年ごとに減少していることが分かります。

水産物については、水産庁発表資料より平成23年4月から平成26年12月にいたる検査結果を**図5・3**に示します。福島県においては、平成23年4－6月期には基準値超が53％でしたが、平成26年末には0・4％まで低下しています。

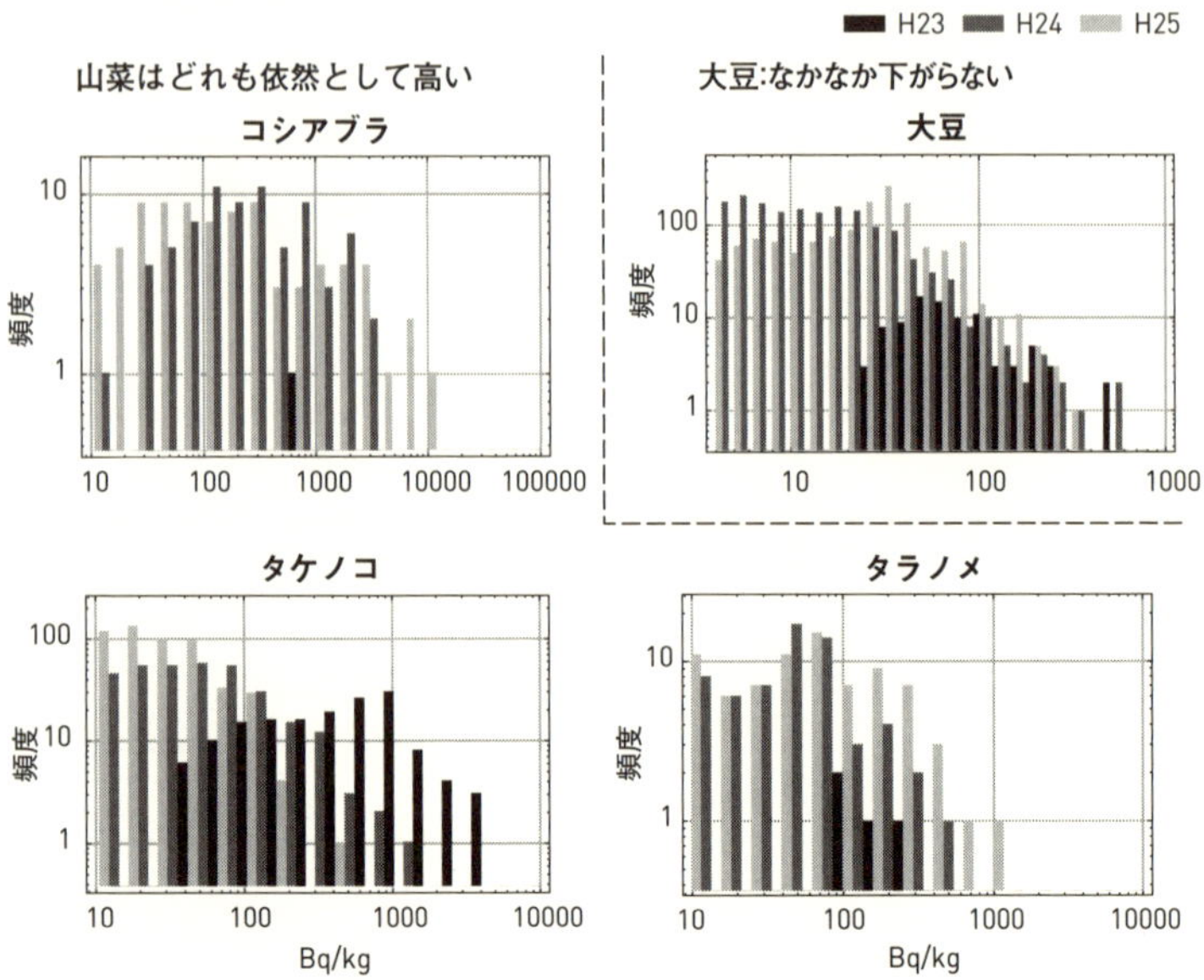

図5.4　セシウム濃度の低下がゆるやかな品目（平成25年度・100Bq/kg 超）

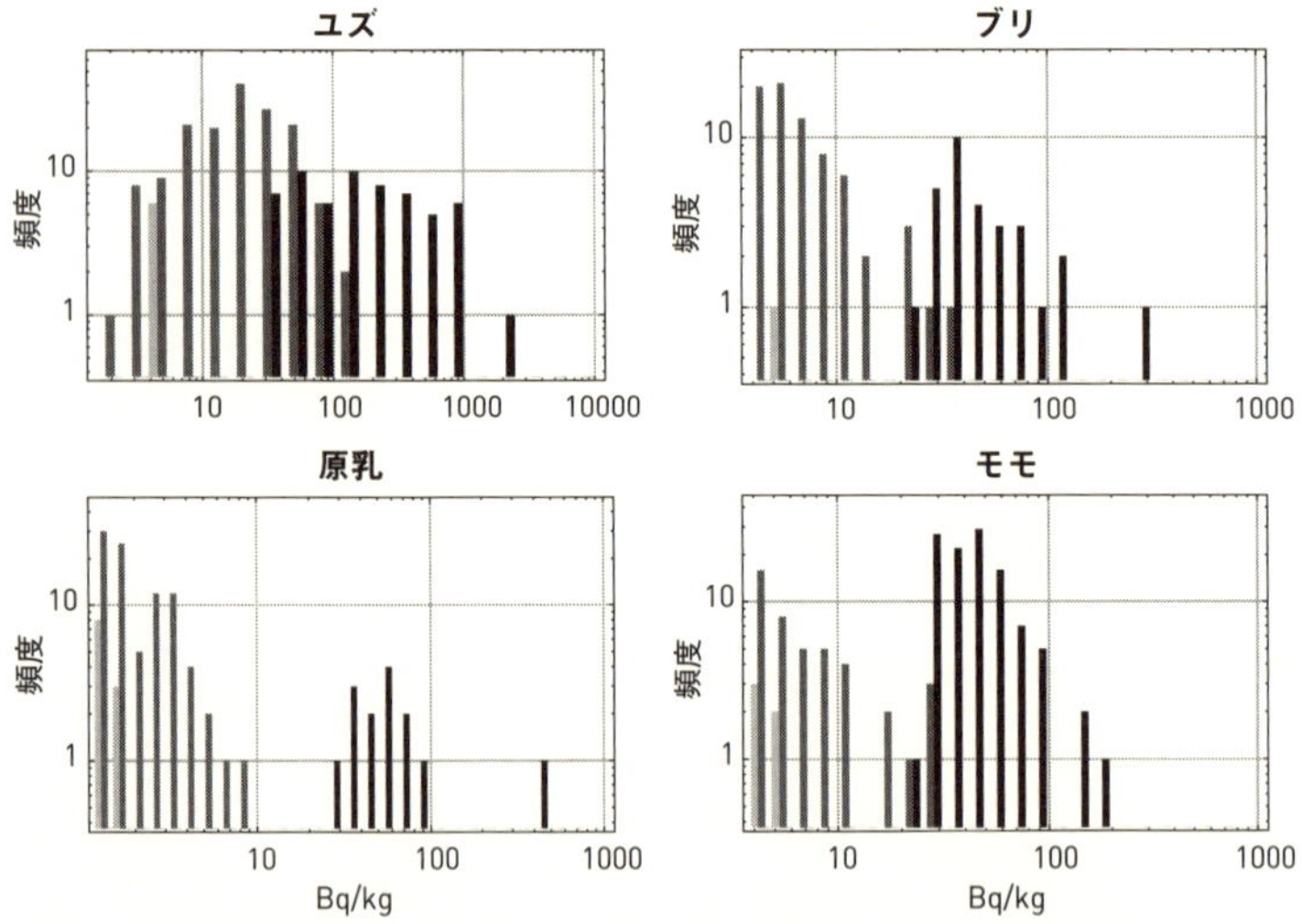

図5.5　平成23年度から25年度でセシウム濃度が大きく下がった品目

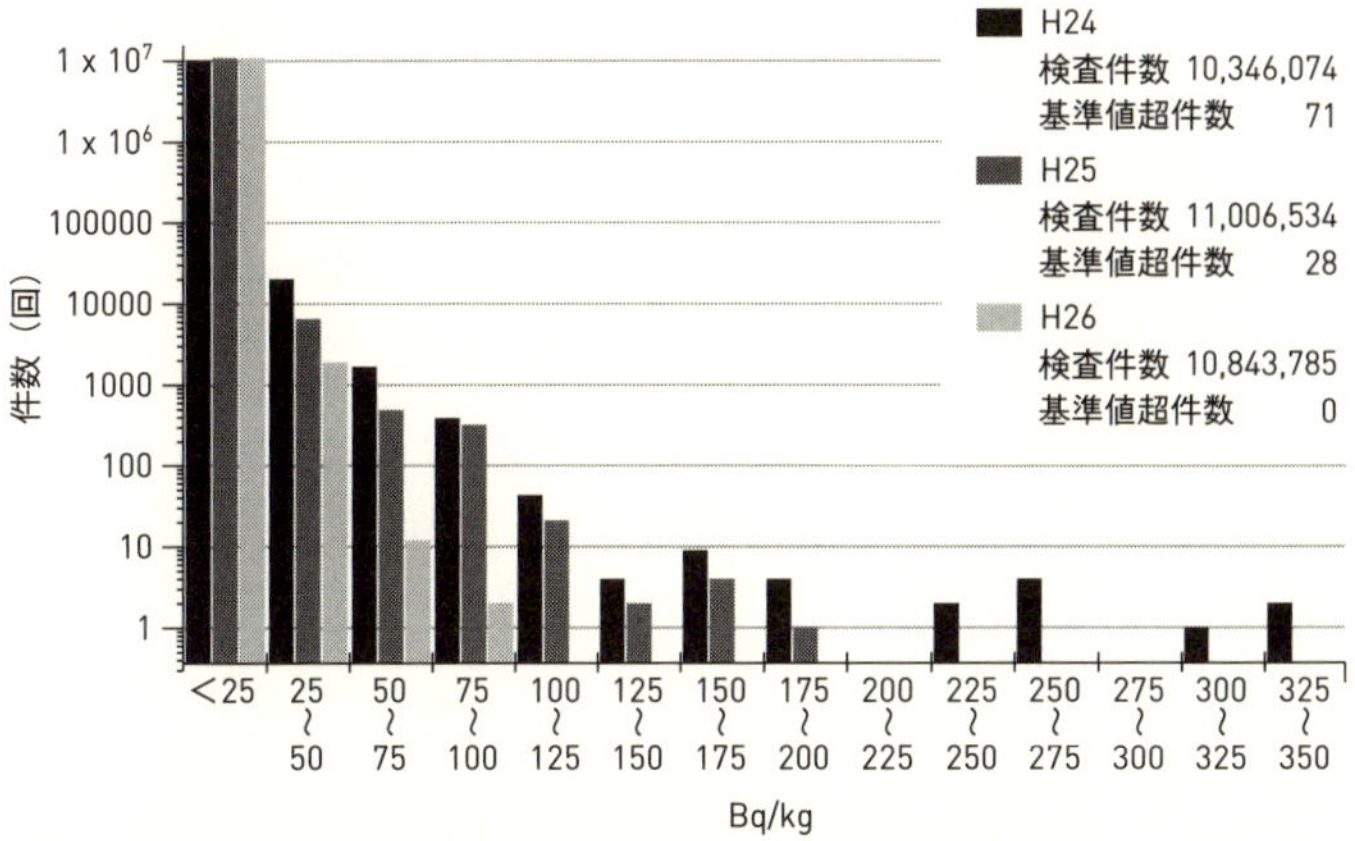

図5.6　福島県による米の全量全袋検査の結果（2012年8月25日〜2015年1月20日）

一方、**図5・4**に示すように、山菜の一部などについてはセシウム濃度の低下はゆるやかです。その結果、平成23年度に暫定規制値の５００ベクレル／kgを超えた食品のリスト（**表5・1**）に対し、平成25年度に基準値の１００ベクレル／kgを超えた食品のリスト（**表5・2**）は内容が大きく異なっています。平成25年度に１００ベクレル／kgを超えた食品は、山菜類と野生鳥獣がほとんどで、広く流通する可能性のある品目としては大豆のみとなりました。

そして、なんと言っても主食の米のセシウム汚染度の低さは特筆に値します。福島県による米の全量全袋検査は平成24年度に開始され、毎年１０００万袋以上が検査を受けています。１００ベクレル／kgを超えたのは平成24年度に71件、平成25年度は28件、そして平成26年度は0件でした（**図5・6**。２０１５年1月20日現在）。

5.2 汚染された食品の管理をめぐって

社会の反応

放射性物質で汚染された食品の問題は、福島第一事故の影響の中でも社会が最も注目する問題です。東京都は、2011年（平成23）3月23日、東京の金町浄水場の水道水から、1kgあたり210ベクレルの放射性ヨウ素が検出されたと発表しました。乳児の飲み水についての国の基準を2倍超えたということで、東京23区と多摩地域の5市を対象に、乳児に水道水を与えるのを控えるよう呼びかけました。約489万世帯に、都は「基準は長期にわたって飲み続けた場合の健康への影響を考慮して設定されており、代わりの飲み水が確保できない時に一時的に飲むのならば差し支えない」と冷静な対応を求める一方で、1歳未満の乳児に粉ミルク用に、ミネラルウォーター550mℓ入りのペットボトルを緊急対応として配布しました。

厚生労働省は、「母親が飲んでも母乳や胎児への影響はなく、入浴など生活用水としての利用にも問題はない」というメッセージを出しましたが、基準を超えたことの意味や対応の仕方がうまく伝わらず、社会は大きく混乱していきました。福島県など被災した地域を超えて全国にまで波及した食品問題は、国と自治体が行なった放射線防護対応に社会がどう反応したかがわかる事例として注目できます。

社会の反応を整理すると、次の疑問点が論点になっていたと考えられます。

- 疑問点① 事故以前では、食品基準はなぜ作成されていなかったのか？
- 疑問点② 消費者を犠牲にしてまで、なぜ生産者を守る必要があるのか？
- 疑問点③ 内部被ばくが問題となるのに、基準は信頼できるレベルとなっているのか？

とくに、疑問点②と③をめぐる社会の反応は、首都圏を中心とする消費地では、子どもたちに給食を食べさせない親が増えるなど給食問題として注目され、問題は全国に波及していきました。その結果、文部科学省は全国の給食を測定して、事故による放射性物質が検出されないことを示す事業に乗り出します。一方で、被災地で生産された農産物が基準以下のレベルで管理されていても、あるいは放射性物質が検出されていないことが確認されていても、農産物が購入されないという事態が継続する、いわゆる「風評被害」が生まれて、社会的な問題となりました。

本節では、3つの疑問点に焦点を当て、汚染食品問題の本質を考えてみたいと思います。

汚染された食品管理の難しさ

ＩＣＲＰ111は次のように述べています。

「食品の生産と消費に関する長期的制限の維持は、汚染地域の持続的発展に影響を及ぼす可能性があることから、最適化原則の適切な履行が求められる。地域の農業従事者、生産者および地域住民の利益と、消費者および汚染地域外の食品流通部門の利益の調和を、注意深く検討しなければならない。汚染された食品に対する最適な防護戦略の決定は、汚染された地域の内側に居住する住民と、外側に居住する住民とでは、異なって受け止められる可能性がある。」（82項）

福島第一事故では、汚染された地域内で暮らす人々にとって利益（便益）は必ずしも同じではなく、「生産者と消費者」という葛藤が福島県内でも見られました。農産物を生産することで生活を営むことは、常に消費者に対する信頼から成り立っています。生産者がいかに汚染管理を行なっているかを消費者が知り、生産者の管理を信頼できるときに初めて消費が可能となります。しかし、現代の食品流通システムは、生産者と消費者の関係を分断して、消費者は多くの生産地からの食品を選択することができるので、生産者を意識することがなくなっています。とくに都市部では、大型流通業者が運営するスーパーが食品流通の主流を占めるので、消費者は選択可能な限り、汚染のない地域（海外からの輸入品も含む）からの食品を購入する傾向が認められました。これを加速したのは、メディアによる食品汚染の情報でした。２０１１年（平成23）の夏以降、流通する食品の汚染レベルは徐々に低下傾向が続いていたのですが、汚染が少なくなっているという全体の情報よりも、基準を超えた食品の話題のみが取り上げられ、このことが社会に警戒感を強くさせました。その背景には、メディアの情報だけが原因ではなく、食品規制の基準値と規制がきちんと実施されているのかという不信があったことは間違いありません。

２０１１年7月、東京都の中央卸売市場の食肉処理場で福島県南相馬から入荷した牛に１kgあたり２３００ベクレルの放射性セシウムが検出されました。この数値は、当時の国の基準（５００ベクレル／kg）の4・6倍にあたりました。このニュースは福島から汚染した牛が全国に出荷されていることを社会に知らしめ、汚染牛の管理に対する信頼をなくす事件でした。

２０１１年10月には、福島県内で生産された新米から基準を超える放射性セシウムが検出されたことから、福島県産の米の販売は大きな打撃を受けることになります。この事件は、福島県の米の安全宣言を福島県知事が行なった後だけに衝撃が大きなものになりました。

事故後、水や土壌の汚染状況が変化していくなか、食品の汚染管理の難しさを露呈した事件でもあります。ひとつの事件が消費者の行動に影響し、生産者の回復への焦りを助長することを示しました。ＩＣＲＰ111は、このような事態を想定して次のメッセージを出していました。

「汚染地域を持つ国における食品の放射線に関わる質の管理のため、農業生産、農村地域の復旧および被災した地域社会でそれなりの生活水準を維持する必要性よりも、消費者の個人的選択の方が重要かどうかを決める際には、関連するステークホルダー（当局、農業組合、食品流通、非政府消費者団体、その他）および一般市民の代表者を関与させるべきである。国内においてある程度の連帯を作り上げるため、国レベルでの徹底した討論が必要である。」（84項）

これについてのわが国の状況はどうであったのか、考えてみたいと思います。

平常時の食品の放射性物質基準がないのはなぜか

福島第一事故以前には、平常時の放射性物質濃度にかかわる食品基準がわが国には存在しませんでした。正確には、後述する事故時に備えて作成した防災用の飲食物摂取制限の指標（原子力安全委員会）がありました。しかし、平常時の食品中の放射性物質摂取基準はありませんでした。これはなぜでしょうか。

「平常時」とは、放射線や放射性物質を計画的に制御して使用することができる状況です。平常時の放射線防護のための基準は、放射線や放射性物質を制御・管理するための目標値の上限値として設定されるものです。放射線・放射性物質は、発生源で管理することが基本です。一般公衆が平常時に被ばくする可能性があるのは、原子力発電所を含めた放射線利用施設の敷地境界での放射線や、排気排水として一般環境に放出される放射性物質によって被ばくが生じる場合です。発生源からの出口での管理を義務づけて、そこを監視することで一般環境にはたとえ漏洩があったとしても、十分に低い線量となるように計画しています。この考え方を放射線防護の分野では長い間実施し、安全を確保してきました。

食品中の放射性物質基準があるということは、食品の放射性汚染を前提にして、食品の管理をすることを意味します。実際の放射線管理では、施設周辺のモニタリングとして農産物や水産物の放射性物質を監視して、汚染がない、あるいは十分に低いことを確認することが行われています。もし、事故のない平常時にも目安となる数値を、モニタリングする場所に関係なく全国一律に設定するとなると、日々の食卓に上る膨大な品目と数量の食品のモニターを常に全国で続けることを意味します。実際上は大きな混乱が生じるでしょう。さらに、汚染発生の可能性がきわめて低い場所でも同等のモニタリングを行うのは、放射性物質を管理する上で合理的とは言えないことになります。

福島第一事故の後、それでも判断の目安として便利であるという声を、他分野の専門家から聞きます。しかし、放射線防護の分野では、線量を評価することで情報を提供するという考え方をとってきました。目安基準を超えているかどうかよりも、被ばく線量がいくらになると予想されるという情報の提供です。基準を設定することの欠点は、基準以下だからOKと思考停止に陥ってしまうことです。リスク管理の点からは、たとえ線量が低くても、なぜ通常のレベルよりも高くなったのか、その原因を調べ改善する姿勢のほうが重要であると考えるからです。

事故時の暫定規制値

それでは事故時はどうでしょうか。事故時の基準の必要性はチェルノブイリ事故以前から検討されていました（ICRP Publ. 40）。食品中の放射性物質濃度（ベクレル／kg）として、評価して勧告したのは1992年でした（ICRP Publ. 63）。一方、わが国の原子力防災では、放射性ヨウ素による甲状腺被ばくの影響を考慮して、飲食物摂取制限の指標が設けられていました。ICRP、WHO／FAO（Codex）およびIAEAの国際的動向を受けて、さらにはチェルノブイリ事故以後、ひとたび原発事故が起きるとそれがもたらす社会的な影響の大きさから、わが国においても、飲食物摂取制限の指標を改定する動きが原子力防災の検討の中から出てきます。１９９８年（平成10）11月に当時の原子力安全委員会原子力発電所等周辺防災対策専門部会が検討を行い、飲食物摂取制限の指標を改定します（**表5・3**）。この指標は、健康影響を及ぼすかどうかの濃度基準ではなく、緊急事態における防護対策の１つとして飲食物の摂取制限措置を導入する際の目安とするものでした。この指標が、福島第一事故直後の暫定規制値として食品規制に利用されることになります。

わが国の法律では、食品規制は食品衛生法の規格基準の中で行われています。たとえ事故時であっても、この法律を改正しなければ法的な強制力をもたないことになりますので、厚生労働省は２０１１年（平成23）３月17日に、原子力安全委員会の作成していた飲食物摂取制限の指標を暫定規制値として導入することにして、この数値を上回る放射性物質濃度が測定された食品は、食品衛生法第６条第２号に該当するものとして、食用になることがないように各自治体へ通知しました。

暫定規制値となった**表5・3**の値は、表の左にまとめた仮定をもとに計算で導出されたものです。

この暫定規制値は、緊急事態における防護対策の１つとして飲食物の摂取制限措置を導入する際の目安となるものですが、この数値の導出プロセスでは、その値の濃度で汚染された食品

表5.3　飲食物摂取制限に関する指標（原子力安全委員会，1998）

核　種	原子力施設等の防災対策に係る指針における摂取制限に関する指標値〔Bq/kg〕	
放射性ヨウ素* （混合核種の代表核種：I-131）	飲料水 牛乳・乳製品[注)]	300
	野菜類 （根菜、芋類を除く。）	2,000
放射性セシウム	飲料水 牛乳・乳製品	200
	野菜類 穀類 肉・卵・魚・その他	500
ウラン	乳幼児用食品 飲料水 牛乳・乳製品	20
	野菜類 穀類 肉・卵・魚・その他	100
プルトニウム及び超ウラン元素のアルファ核種 （Pu-238、Pu-239、Pu-240、Pu-242、Am-241、Cm-242、Cm-243、Cm-244 放射性濃度の合計）	乳幼児用食品 飲料水 牛乳・乳製品	1
	野菜類 穀物 肉・卵・魚・その他	10

注）100Bq/kg を超えるものは、乳児用調製粉乳及び直接飲用に供する乳に使用しないよう指導すること。

---

*（筆者注）「牛乳・乳製品」の注）は、Codex 基準を参考に、平成23年3月17日の厚生労働省通知により追加された。また、同年4月5日の厚生労働省通知により、魚介類の暫定規制値にも、野菜類と同じ2,000Bq/kg が適用された。

を「1年間食べ続ける」ことを前提としていました（この意味は、たとえばセシウムの場合、ほぼ1年間毎日、表中の濃度の食品を食べ続けるとすれば、1年後には実効線量で年間5ミリシーベルトに達する、ということです。ヨウ素は半減期が短いので実質的に約12日間食べ続けることに相当します）。表の数値を使うときは、「食べ続ける」という点とその期間について注意が必要です。

食品衛生法の規格基準

わが国の食品安全行政は、2003年（平成15）に内閣府に設置された食品安全委員会をリスク評価機関として、各省庁（厚生労働省、農林水産省、消費者庁など）がリスク評価結果に基づき、使用基準や残留基準を設定する

● 表5.3 の指標値を算出した条件 ●

1）防護対策を導入するかどうかの判断に使用する線量は、実効線量 5 mSv/ 年、放射性ヨウ素による甲状腺等価線量は 50 mSv/ 年。
2）飲食物を5つのカテゴリーに分類する。①飲料水、②牛乳・乳製品、③野菜類、④穀類、⑤肉、卵、魚介類、その他。
3）飲食物カテゴリー毎の1日当たりの摂取量 (kg/ 日、または L/ 日) で1年間365日の間、継続して摂取する。
4）放射性セシウムに対する基準は、放射性ストロンチウムもある一定の割合で取り込むとして、5つの飲食物カテゴリーにそれぞれ 1 mSv/ 年を割り当てる。
5）放射性セシウムと放射性ストロンチウムの年間の平均濃度は、ピーク濃度の 1/2とし、Sr-90 / Cs-137＝0.1の濃度比で放射性ストロンチウムは存在する。
6）同じ元素でも異なる同位元素の存在比は、原子炉内放射能存在割合を利用する。
7）放射性物質の物理的減衰を考慮して計算する。

ことになっています。このため、厚生労働省が暫定規制値を作成するときには、食品安全委員会の「緊急とりまとめ」を受けて行っています。「緊急とりまとめ」では、暫定規制値の根拠とする甲状腺線量（年間50ミリシーベルト）や実効線量（5ミリシーベルト）を変更すべきとしないとの見解が示されました。こうして、「暫定規制値」は、福島第一事故後のわが国の食品規制値として運用されます。

食品安全委員会は「緊急とりまとめ」として助言したため、厚生労働省大臣から諮問を受けた内容について継続して食品健康影響評価を行うことになります。2011年（平成23）7月に食品安全委員会は、国内外の放射線影響に関する文献を検証し審議した結果、緊急時と平常時を通じて生涯における追加の累積線量がおよそ100ミリシーベルトで放射線による健康影響がみられるとの見解をまとめました。このメッセージは、放射線分野の国際機関の見解とは少しずれたものでした。およそ100ミリシーベルトを超えると、がんの死亡率・罹患率増加として放射線による影響が観察されているのは広島・長崎の原爆被爆生存者の疫学調査です。原爆での放射線被ばくは「急性被ばく」と呼ばれるように、短時間に一度に数百ミリシーベルト以上を被ばくする、というものです。年間に数ミリシーベルト程度で生涯に100ミリシーベルト程度の被ばくが、がんの増加に寄与するかどうかは科学的には明らかになっていませんので、社会的対応を考えてより過大となる評価を述べたと考えられます。しかし、このメッセージが社会に大きな影響を与えたことは事実です。

「リスク評価機関」である食品安全委員会の「放射線のリスク評価」についての見解を受けて、「リスク管理機関」としての厚生労働省は新たな規制値を見直すことになります。厚生労働省が新しい規制値の根拠として取り上げたのが、Ｃｏｄｅｘ（コーデックス）委員会の基準です（**表5・4**）。Ｃｏｄｅｘ委員会は、ＷＨＯ（世界保健機関）とＦＡＯ（国連食糧農業機関）が共同で１９６３年に設置した政府間組織で、消費者の健康保護と食品の公正な貿易を促進することを目的としています。

そこで、厚生労働省はＣｏｄｅｘ委員会が作成したガイドラインに基づいて年間１ミリシーベルトの基準を導入します（**表5・5**）。新しい規制値は、**表5・5**の下にまとめた仮定をもとに計算で導出されました。

Ｃｏｄｅｘ委員会が根拠とした年間1ミリシーベルトは、ＩＣＲＰが１９９９年に勧告した「介入免除レベル」から来ています（ICRP Publ. 82, 1999）。介入免除レベルとは、不必要な規制を避けるために、このレベル以下であれば自由に貿易を行ってもよいと判断できるとして導入したものでした。

表5.4　Codex 委員会による核種ごとの基準値（CODEX/STAN193-1995）

核種	指標〔Bq/kg〕	核種	指標〔Bq/kg〕
ストロンチウム (Sr-90)	乳幼児用食品　100 一般食品　100 （ストロンチウム、放射性ヨウ素等の和として）	放射性セシウム (Cs-134, Cs-137)	乳幼児用食品　1,000 一般食品　1,000
放射性ヨウ素 (I-131)		プルトニウム、アメリシウム等 (Pu-239, Am-241)	乳幼児用食品　1 一般食品　10

表5.5　厚生労働省による放射性セシウムの新基準値

食品群	基準値〔Bq/kg〕
一般食品	100
乳児用食品	50
牛乳	50
飲料水	10

● 表5.5 の基準値を算出した条件 ●

1）1mSv/ 年に基づいて、一般食品 0.9 mSv/ 年、水道水に 0.1 mSv/ 年を基準とする。
2）食料自給率や暫定規制値の設定の背景を考慮して、放射性物質が混入している割合（汚染割合）を50%とする。
3）年齢区分・男女別に基準線量に該当する放射性物質濃度を食品別に計算する。
4）年齢と性別を考慮して、最も低い数値が誘導される年齢 (13歳～18歳の男) の限度値 120 Bq/kg から、100 Bq/kg と決めた。
5）ただし、子どもに対する配慮から、100%の汚染率を仮定して、100 Bq/kg の半分の50 Bq/kg を牛乳・乳児用食品の基準とする。

流通業者の役割──生産者と消費者のあいだで

日本の生活では、多くの場合、スーパーなどの流通業者から食品を購入します。政府が決めた食品管理基準やそれにもとづいて行う測定管理に対して、多くの住民は不安の思いでいました。2011年の事故後、政府の基準を超える牛肉が流通したりすることで、食品管理への信頼を失っていたこともあったかもしれません。その状況においては、市民は流通業者に厳しい管理を期待する傾向がありました。

流通業者大手のイオンは、独自基準を設け、野菜・果物・穀類・肉・魚介類は「1kgあたり50ベクレル」としました。イオンは、独自基準を設定した理由を次のように述べています。「お客さまからのお問い合わせやお申し出の中で、放射性物質の影響や食品への不安に関するものを多くいただいております。こうしたお客さまの声を重く受け止め、お客さまが安心してお買いいただくために、国の暫定規制値限度ではなくイオン独自の基準値を設け、基準を超えた商品の取り扱いは行わない体制をとっています」。1kgあたり50ベクレルの根拠は、平常時の一般人の被ばく限度が年間1ミリシーベルトであることを受けて、有識者の意見を踏まえ、年間1ミリシーベルト内に抑える数値としたとしています（同社ホームページ）。

風評被害を恐れる流通業者は、生産者と消費者の中間にいて、政府の基準値を信じない消費者の購買行動を意識した対応を行う傾向にありました。その結果、消費者からの信頼を獲得するための独自基準を設定し、独自の管理を展開していったのです。この対応は、民間レベルで食品を独自に測定して、放射性物質のレベルを確認しながら、自分たちで食品の安全性を確認し選択するという行動をとったことと共通していました。

＊＊＊

福岡の生協（エフコープ）は、チェルノブイリ事故以後に、独自の基準を策定し活動を行ってきた流通業者です。チェルノブイリ事故後6か月以上経って、ようやく当時の厚生省はセシウム134とセシウム137を1kgあたり３７０ベクレル以上含むものを輸入禁止にしました。この状況において、基準値以下のものが公表されることもなかったことから、エフコープは消費者の不安を解消するために、放射性物質測定機器を独自に購入し測定するという活動を行なったのです。１９８９年（平成1）1月から測定が開始されました。この測定を始めるにあたり、どのレベルの食品をどう扱うのかをあらかじめ決めておく必要が生まれ、まず１９８８年末に独自の基準を設ける放射能基準委員会を設置しました。この委員会は、当時の国際的な放射線防護の考え方を理解しながらも、基準を決めることの難しさを認識し、次の考え方を導入しました（森、１９９１）。

① 香辛料などごく少量しか使わないものは、かりに放射能を多く含んでいても体内に入る量はわずかだから、基準値はゆるやかにする。
② 量を多くとる主食については許される放射能の基準値を小さくとって厳しくする。
③ 放射能の影響が大きい乳児の調整粉乳は特に厳しい値に、子どもが食べる菓子なども小さくする。

この考え方に基づいて、食品について一律の基準を決めるのではなく、食品ごとに摂取量に応じて違う基準値にしたのです。

福島第一事故が発生して、エフコープは「エフコープ残留放射能暫定自主基準の見直し委員会」を設置し、政府の決めた基準値との不整合から生じる問題や独自基準に対する混乱を考え、再検討を行いました。その結果、生協組合員と学識経験者からなる委員会は、自主基準を引き続き運用することは可能であるが、検査の検出限界からゼロリスク管理は不可能であること、さらには基準が食品の安全管理を行うための調査レベルの役目を果たしてきたものであることを確認したのです。その後、エフコープは商品を供給する際の判断する独自基準は持たないことを決定し、検出限界1kgあたり1～2ベクレルでのモニタリング検査を継続し、結果を公表するという取組みを行ってきました。エフコープが最も大切にしたかったことは、組合員からの信頼を維持することであり、食の安全管理の難しさを理解してもらうこと、食の流通業者として、生産者を支援し、将来の食の安全に向けた食料確保の取組みを継続したいという思いであったようです。

＊　＊　＊

4章で紹介した福島の生協（コープふくしま）は、前記の流通業者と対照的な立場にありました。事故による放射性汚染を目の当たりにして、被災地の流通業者としていかに食の安全を確保するべきかを模索したと考えられます。コープふくしまが行なっている取組みは「陰膳方式」による食品測定です。この方法では、毎食分の食事を家族人数よりも1人分多く作ってもらい、2日分保存して検査に送って測定するものです。測定は、約14時間かけて検出限界1kgあたり1ベクレルで行われます。この結果、ほとんどの家族で福島県産の食材を使用していたにもかかわらず、ほとんどが検出限界未満であることが確認され、検出された家族においても線量が年間0・1ミリシーベルトを超えない量であったことが報告されています（Sato et al., 2013）。陰膳方式による測定は、実際に食べている食品を測定することで、住民の不安を軽減するのに大きく貢献しました。とくに、漠然とした不安があるとき測定によって確実な情報を確認することの大切さが住民に理解されているようです。コープふくしまは、ある基準によって管理を強化するという方法によるのではなく、現実の汚染状況を正確に把握することで、必要な措置が何かを住民とともに考える戦略をとりました（詳細は4章を参照）。この方法は、放射性物質の沈着が生じた地域内で行うべき食品管理の1つとして、被災者が直接測定に関わることが自らの放射線防護を考えることにつながることを示したものです。

いかなる事故でも非日常的な状況が発生するのですから、社会的な混乱は必ず起こります。混乱の中で人々の健康を信頼とともに守っていく方法を、現場が独自に議論をして取組みや合意を構築していく——こういったプロセスを経て初めて不安が軽減されていく。そのことを本項の事例は教えてくれます。

従来、安全問題を考えるときに、一律の線引きをして、それを達成することで安全が獲得されると誤解していたところがあります。この考え方は科学的にも難しい課題を含んでいます。つまり、問題となる健康影響の発生確率が小さくなればなるほど、そのことを証明することの難しさがあるからです。一方で、リスクという捉え方は、リスクを受け入れることの意味をふだんから考え、議論しておかなければ社会的な不安や混乱が生じることでしょう。

この章の終わりに、もう一度、ＩＣＲＰ111の84項を読みたいと思います。

「汚染地域を持つ国における食品の放射線に関わる質の管理のために、農業生産、農村地域の復旧および被災した地域社会でそれなりの生活水準を維持する必要性よりも、消費者の個人的選択の方が重要かどうかを決める際には、関連するステークホルダー（当局、農業組合、食品産業、食品流通、非政府消費者団体、その他）および一般市民の代表者を関与させるべきである。国内においてある程度の連帯を作り上げるため、国レベルでの徹底した討論が必要である。」

福島第一事故後に見られた流通業者の対応については、政府と異なる独自基準を策定したことなどを批判する声もあります。しかし、問題は、基準の数値そのものにあるのではなく、基準値の意味や運用のありかたをお互いに理解する取組みを行なっているか、生産者や消費者との信頼関係を築きながら「安全」を追求した取組みを行なっているか、にあることを理解しておくべきではないでしょうか。

6章

終わりに——4年

防護戦略の履行は、放射線状況の進展とともに変化する動的なプロセスである。　　　——ICRP 111（54）項

汚染地域の管理に関する過去の経験は、防護戦略の履行において地域の専門家と住民の関与が復旧プログラムの持続可能性にとって重要であることを示している（Lochard, 2004）。ステークホルダーと共に取り組むための仕組みは、国や文化の特徴によって決まり、その事情に適応させるべきである。　　　——ICRP 111（55）項

本書のA・1章で述べたように、放射線は被ばくの在り方によっては明らかな健康障害をもたらします。そのため従来の放射線防護は、これらの健康障害から人々を守ることに主眼を置いてきました。たとえば今回の事故の直後では、緊急時被ばく状況での防護措置として、20km圏内について予防的な避難が行われました。この措置は、当時様子が把握できなかった原子炉の状況がさらに悪化して放射線の線量が上昇し、近隣地域の方々の健康に重大な障害をもたらしうる可能性を考慮したもので、健康障害を避けるためになされました。計画被ばく状況の放射線防護でも、作業者の防護基準は、放射線の健康障害を強く意識して作られています。すなわちこれまでの放射線防護は、健康障害を避けるというのが大前提になっています。健康障害は放射線の線量に呼応するので、放射線防護はつまるところ線量管理という技術的な対応によるしかありません。

緊急時被ばく状況が収束して、現存被ばく状況に移行するなかで、放射線の影響を受けた地域に住みつづける方々には、放射線の線量と健康障害という2つを基盤としている従来の放射線防護の枠には入りきらない問題が見えます。それは、このような地域で暮らすことについての納得、自信、誇り、尊厳などが必ずしも充足されていないという問題です。人間として生きていくための基盤であるこれらが不十分な場合、そこでの暮らしは必ずしも納得できるものではなく、素晴らしいものではありません。しかもこれらの納得や自信、誇りや尊厳は、物理量として測定される線量で忖度できず、さらに放射線の健康影響についての専門家のリスクコミュニケーションで解決するものでもありません。目に見えない放射線に対して対抗手段を持っていないと思っている限り、人々は放射線を恐れます。恐れるべき存在が身のまわりを占拠しつづけるかぎり、たとえそこが自分にとってかけがえのない故郷であっても、人は自らの力で、自らの意志で生きているという充実感を持ちえず、喪失感から逃れることができません。このように考えると、現存被ばく状況についての放射線防護は、これまでの線量と健康障害という図式を超えたものにならざるを得ません。ＩＣＲＰの111は、こういった問題を含む現存被ばく状況、とりわけ原発事故後の現存被ばく状況について、そこで暮らす方々が自らの力で状況を理解し、それに十分な対応をしながら生きているという充実感の回復を起点とする、放射線防護の指針であると言えます。

事故後の現存被ばく状況での暮らしで、人々が前向きになるための最初の行為は自分の周囲の放射線状況を把握することで、これは線量を測ること、そして学ぶことに他なりません。こういった行為により、人は目に見えない存在である放射線が必要ならば対抗できる存在であることを理解し、自分を取り巻く環境のなかで生きることについて充実感をもって対応でき、自信を取り戻すことができます。さらに踏み込んで言えば、放射線環境にあって線量を測るという行為の意味は、単に自信を取り戻すためにとどまりません。それは自由度を回復する過程でなくてはならないのです。すなわち線量を知ることは、それにより自分の行動を制限することだけにとどまらず、線量に応じて融通無碍に行動しうるためのプロセスでなくてはなりません。放射線を測定するのは自由を得るためでなくてはならない――。これは、本書の著者のひとり（宮崎委員）が常々述べていることです。ひとつの発見ではないでしょうか。

計画被ばく状況であれ緊急時被ばく状況であれ、従来の放射線防護は、放射線状況についての「制限」という行為を念頭においたものでした。そして制限とは行政によりトップダウンでなされるものです。原発事故直後の線量が高い時期においてはもちろん制限が大切です。ですが、現存被ばく状況からの回復の主役はそこに暮らす住民で、事故から日を追うにつれて線量が低下するなかで行政が課した制限の枠組みから、人々が自信を回復し「自由」を獲得するボトムアップの枠組みに移行するものでなくてはなりません。

こう考えるときに、浮かんでくる言葉があります。今回の事故後に立ち上がったごく小さなNPOが、いわき市北端の小さな末続地区で行ってきた活動は、ICRP111の精神をよく表していると思います。

「原子力災害後の福島で暮らすということ。それでも、ここでの暮らしは素晴らしく、よりよい未来を手渡す事ができるということ。自分たち自身で、測り、知り、考え、私とあなたの共通の言葉を探すことを、いわきで小さく小さく続けています」（福島のエートス）

福島第一原発事故は、インターネット普及後、初の原子力事故でした。この新しいメディアによる情報拡散は、混乱を助長した面もあった一方で、住民の自助努力を助ける面もありました。ウェブ上の公開情報を活用して「ICRP111から考えたこと」という解説書が生まれ、広がっていったのもその一例でしょう。他にも、冷静に事故関連の情報を発信したツイッターやいくつものサイトが有効な支援となりました。

事故から、はや4年。ICRPの111はインターネットにより、わが国の多くの方に読まれることとなりました。そしてだんだんと、この1冊の専門書はこれまでの放射線防護の枠組みを超えた広がりをもっている、と気づかれてきたように思います。本書はその広がりが生まれた背景までお伝えできればという思いで書きました。この広がりが、福島とまわりの地域の回復に役立ち、そこに暮らす方々と国内外との連帯を強めることにつながるのなら、たいへんうれしいです。

別章

放射線による健康影響とリスク

A.1 放射線による健康影響

放射線についての一般の方の関心は、もっぱら健康影響と言ってよいでしょう。放射線は線量が高い場合に人々に死をもたらします。そして低くても長い潜伏期を経てがんの頻度を上昇させます。そのため、放射線は一般の方からもっぱら恐怖の目で見られていることは確かです。その一方で、ふつうの生活の中で、私たちが常に自然放射線に囲まれていることはあまり知られておらず、また自然放射線による健康影響を気にしている方はほとんどいません。

放射線の健康影響については、１９００年代の初めのころから多くの観察がありました。しかし、放射線の健康影響について最も重要な情報源となっているのは、広島・長崎の原爆被爆者とそのお子さんについて長年にわたってなされている疫学調査です。この調査により、放射線の線量と健康影響について多くのことが明らかになりました。このなかで放射線の健康影響は線量に依存することが示されています。そのため、放射線の健康影響を考えるうえで、線量の大きさを知ることが大切です。本章では、放射線の健康影響についてごく一般的なまとめを行います。

放射線で問題となる健康影響

すでに3・1節でふれましたが、放射線で問題となる健康影響は、歴史のなかで変遷してきました。レントゲンによりX線が発見されてからほぼ30年の初期の時代では、放射線を扱う医師や技師といった特殊な職業の人々に見られる皮膚の炎症などが健康影響で問題となったものです。この人たちはむき出しのX線管のもとでの作業に携わっていたため、低エネルギーのX線にさらされる皮膚は、高い線量を反復して受けました。この状況では、いわゆる「確定的影響」（ICRPの新しい用語では「組織反応」）と呼ばれる皮膚の重篤な炎症などが問題でした。また骨髄への線量も相当になるので、造血障害なども見られました。それぞれの確定的影響にはある線量を越えなければ症状が出ないしきい値（しきい線量）が認められたので、当時、放射線障害から人々を守るためには、このしきい線量を超えないようにすることでした。

１９２８年にX線がショウジョウバエに突然変異を誘発することが明らかにされました(Muller, 1928)。さらに第二次世界大戦後の冷戦の時代に行われた大気圏核実験は、放射性核種を世界中にばらまき、作業者のみならず公衆も放射線防護の対象になる時代が来ました。このショウジョウバエの突然変異の頻度は、線量に呼応して増加するため、直線しきい値無し仮説（LNT仮説）が生まれ、またどのように小さい線量でもそれを受ける集団のサイズが大きけれ

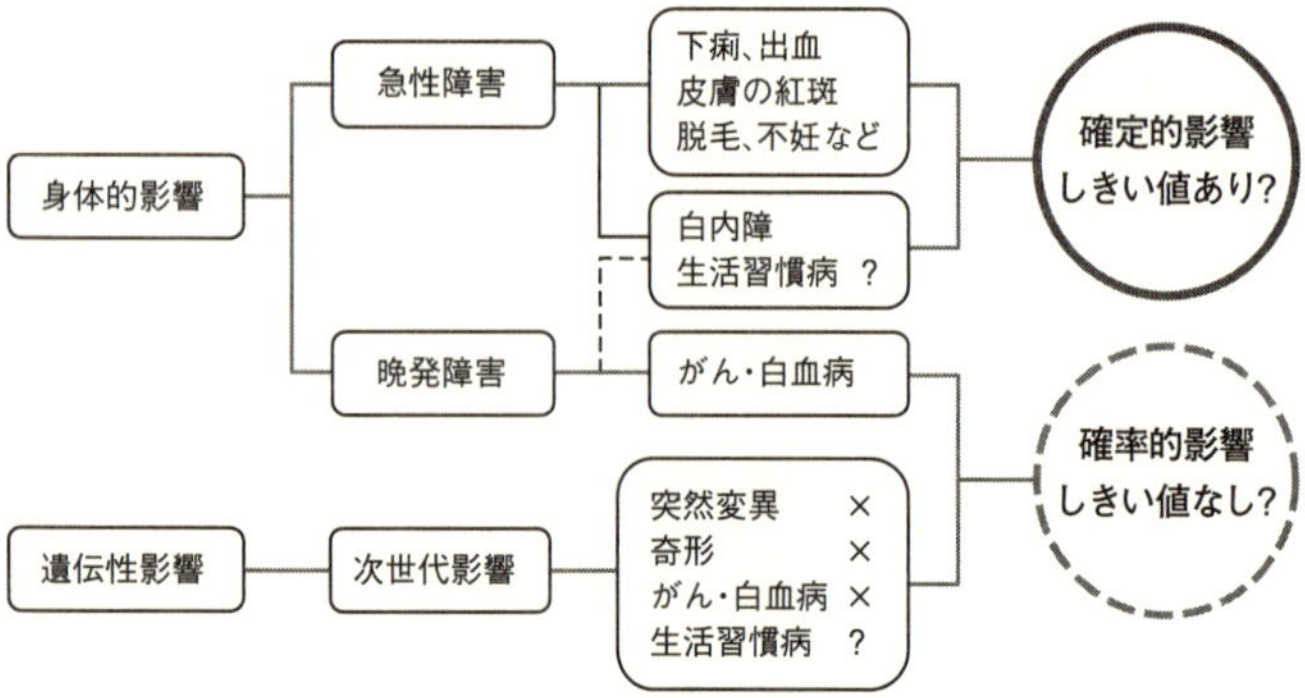

（図3.4） 2つの放射線障害——確定的影響と確率的影響

ば、放射線がもたらす遺伝病患者の数は無視できないものになるであろうという「集団線量」の概念がうまれました（Muller, 1955）。

第二次世界大戦後、原爆被爆者の疫学調査が行われました（疫学についてはA・2章）。そしてこの調査から、相当高い線量を受けた被爆者のお子さんでも遺伝性影響が見られないことが明らかになりました。一方、放射線は白血病や固形癌（固形腫瘍）などのがんの頻度を上昇させることも明らかになりました。白血病は比較的短い潜伏期で、固形癌は長い潜伏期の後、いわゆるがん年齢になってから発症頻度の上昇が見られます。両者を合わせた全がんの発症頻度は線量に対して直線で増加します。遺伝性の影響は生殖細胞の、そしてがんは体細胞の突然変異で生じ、突然変異は放射線によるDNA損傷に対して確率的に生じるところから、両者は「確率的影響」と呼ばれます。そして遺伝性の影響で考えられたLNTと集団線量の考え方は、放射線によるがんの頻度を推定するためにも援用されることになります。また、がんの疫学研究は、がんが自然状態でも発症するもので、放射線はその発症のリスクを上昇させるものであることを明らかにしました（参考のため、3章の図を再掲します）。

このような変遷を経て、「がんのリスクという健康影響を避ける」という考え方にもとづき、ＩＣＲＰは１９７７年に作業者と公衆を守るための放射線防護体系を勧告しました（ICRP Publ. 26, 1977）。放射線による健康障害から人々を守るという放射線防護の基本は、２００７年のＩＣＲＰ勧告にも受け継がれています（ICRP Publ. 103, 2007）。

ＩＣＲＰ111と福島での問題

ＩＣＲＰ111には、健康影響や線量についての言及がほとんどありません。付属書を除く本文には、線量に関して1ミリシーベルトが4回、20ミリシーベルトが3回出てくるだけです。また、がんという言葉は見当たらず、従来のＩＣＲＰの報告とは全く性質を異にしています。これはＩＣＲＰ111が、チェルノブイリ事故後の汚染を受けた地域における経験にもとづいて書かれたことによります。チェルノブイリ事故では、その後のソビエト連邦崩壊に伴う混乱のもと、汚染を受けた地域の方々は棄民状態に置かれ、何をすべきなのかが分からないまま空白の10年ほどを過

チェルノブイリ事故　1986年4月26日
ソビエト連邦の解体　1991年12月25日

ごしました。ＩＣＲＰ111の付属書では、健康影響を避けるためにとられた初期の放射線防護が「汚染がより少ない広大な地域に居住しつづける住民の恒久的な防護には不十分」であったとしています。そして、汚染を受けた地域の回復において、住民が前向きに生活の立て直しを目ざすには、何にもまして自助が大切であると認識しています（Publ. 111, A33–A39）。

放射性物質の沈着が生じた福島で、住民の方々が自ら回復に取り組むときに、何をおいても健康影響を考えるのは当然のことです。国連科学委員会は、いろいろなデータにもとづいて福島での人々が事故後の初年度に受けた線量、また生涯に受けるであろう線量の推定を行なっています（**表2・4〜2・6**）（UNSCEAR, 2013）。推定された線量値はあまり高いものではないといっても、そこに住む方は、やはり健康影響が心配です。食品を通して受けるセシウム137による内部被ばくは、お子さんをもつ若いお母さんにとって限りない心配の種です。また、地域の土壌に固着したセシウム137やセシウム134からのガンマ線による外部被ばくも、たいへん気になるところです。次の項では、放射線が細胞にどういった作用をするかもう少しくわしく述べましょう。

放射線による生物影響の基礎——ＤＮＡ損傷、修復、細胞レベルの影響

まず、放射線はどのようにして人体を傷つけるのでしょうか。福島で問題になっている放射

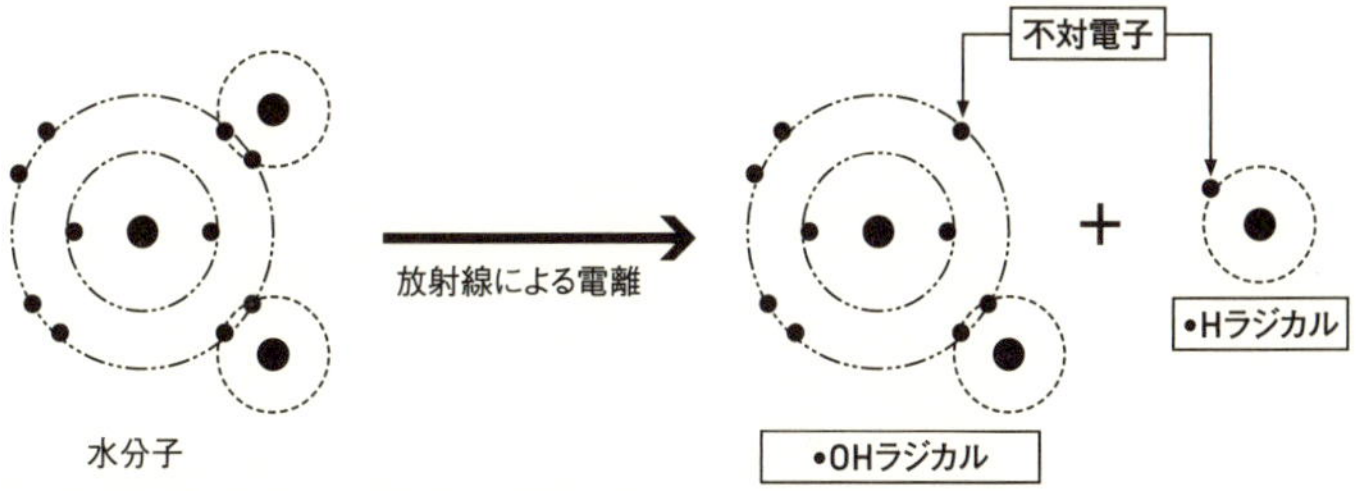

図 A.1　放射線による電離とラジカルの生成

性物質は、ヨウ素131、セシウム134、セシウム137があり、それらは崩壊の過程でベータ線とガンマ線を出します。このうちベータ線は、透過力が小さく、外部被ばくでは皮膚で止まってしまうので、健康影響はまずありません。でも体内に入ると、いろいろな組織の細胞がベータ線に直接さらされるので、内部被ばくでの健康影響を考えなければなりません。

ベータ線は高速の電子で、生体内で数㎜の距離を飛び、その途中で、水や生体分子にぶつかり電子をたたき出します。この過程を「電離」と言いますが、電子を失った生体分子や水は「ラジカル」と呼ばれます（**図A・1**）。ラジカルは反応性が高く、他の分子と結合して異なる分子に変化します。このように、ベータ線は細胞内の生体分子や水を電離して、さまざまな変化をもたらします。これが、放射線による生体分子の損傷生成の基本です。

ガンマ線は電磁波で、透過力が大きく、人体をも突き抜けますが、この過程で生体中の水やいろいろな分子を電離して、それらから電子を弾き飛ばします。弾き飛ばされた電子は、ベータ線と同様に生体分子や水を電離してラジカルを作り、違ったものに変化させます。というわけで、ベータ線もガンマ線も電離とラジカル生成で生体分子を損傷するという機構を共有しています。そのため内部被ばくも外部被ばくも生体分子を損傷する過程は同じです。そうなると、線量が同じなら内部被ばくと外部被ばくの影響は同じになるはずということになります。**図A・2a**と**図A・2b**はベータ線放出核種とガンマ線について、それぞれの電離の過程を模式化したものです。

なお内部被ばくの場合、放射性物質の種類によっては特定の組織に集積します。放射性ヨウ素が甲状腺に集積するのはその例です。一方、セシウムは周期表でアルカリ金属に属する元素なので、カリウムと同様、筋肉などの細胞成分の多い組織に広く分布します。

細胞内で放射線により損傷される生体分子のなかで、DNAは細胞のグランドデザインである遺伝子情報をもっています。そのため、DNAの損傷は重要な意味をもちます。放射線によるDNA損傷には、種々の塩基損傷や1本鎖切断などがありますが、最も重要なものは2本鎖切断です。体のなかで増殖する細胞にとって、2本鎖切断があると正常な分裂ができません。そのため、私たちの身体の細胞は2本鎖切断を検知するシステムをもっています。このシステムは、DNA損傷が多すぎる場合にはその細胞を自爆死させ、対応可能な場合は2本鎖切断を再結合することで修復するという機構を備えています。DNA損傷の修復の過程で、時として、

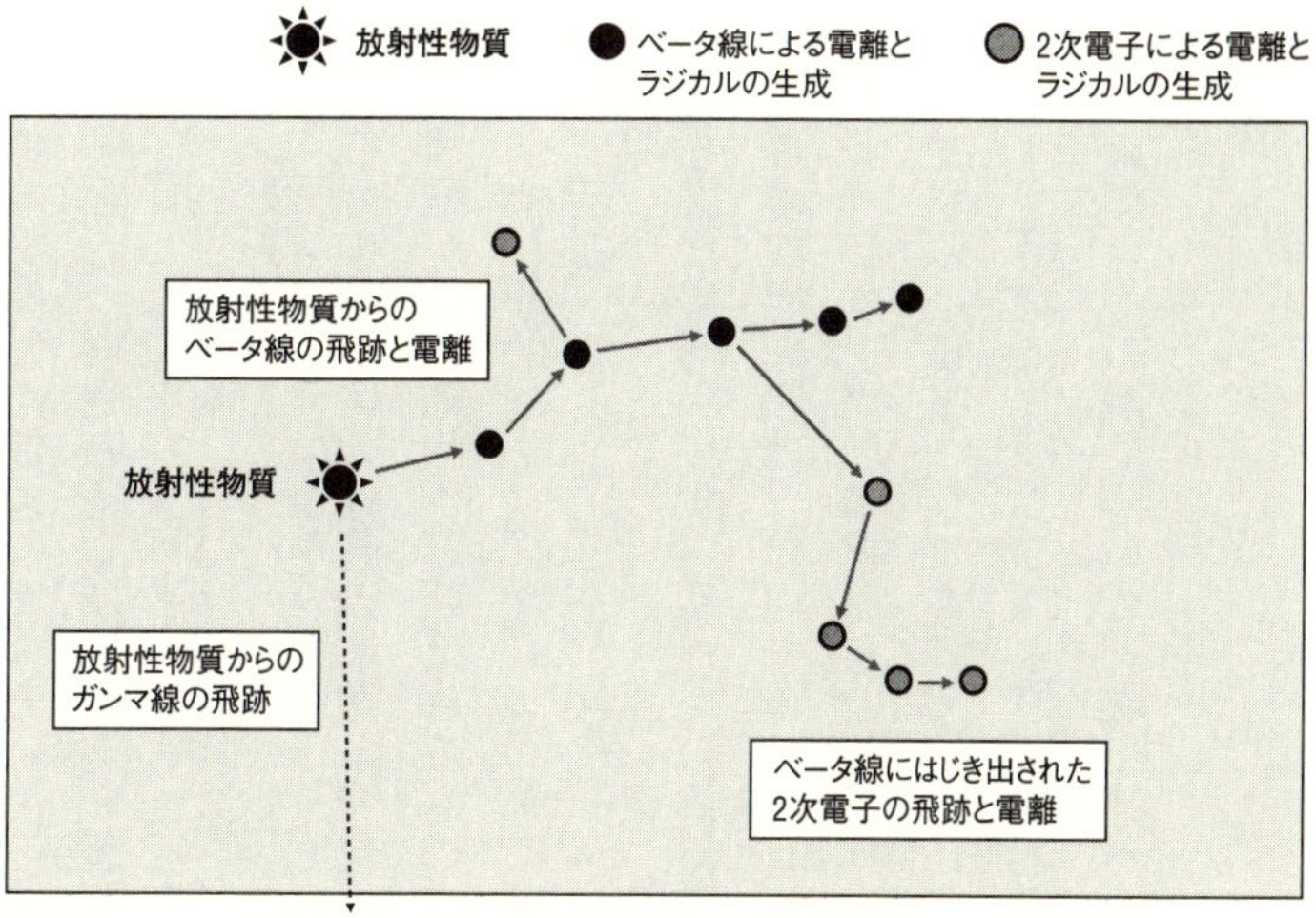

図 A.2a　ベータ線による内部被ばくで生じる電離

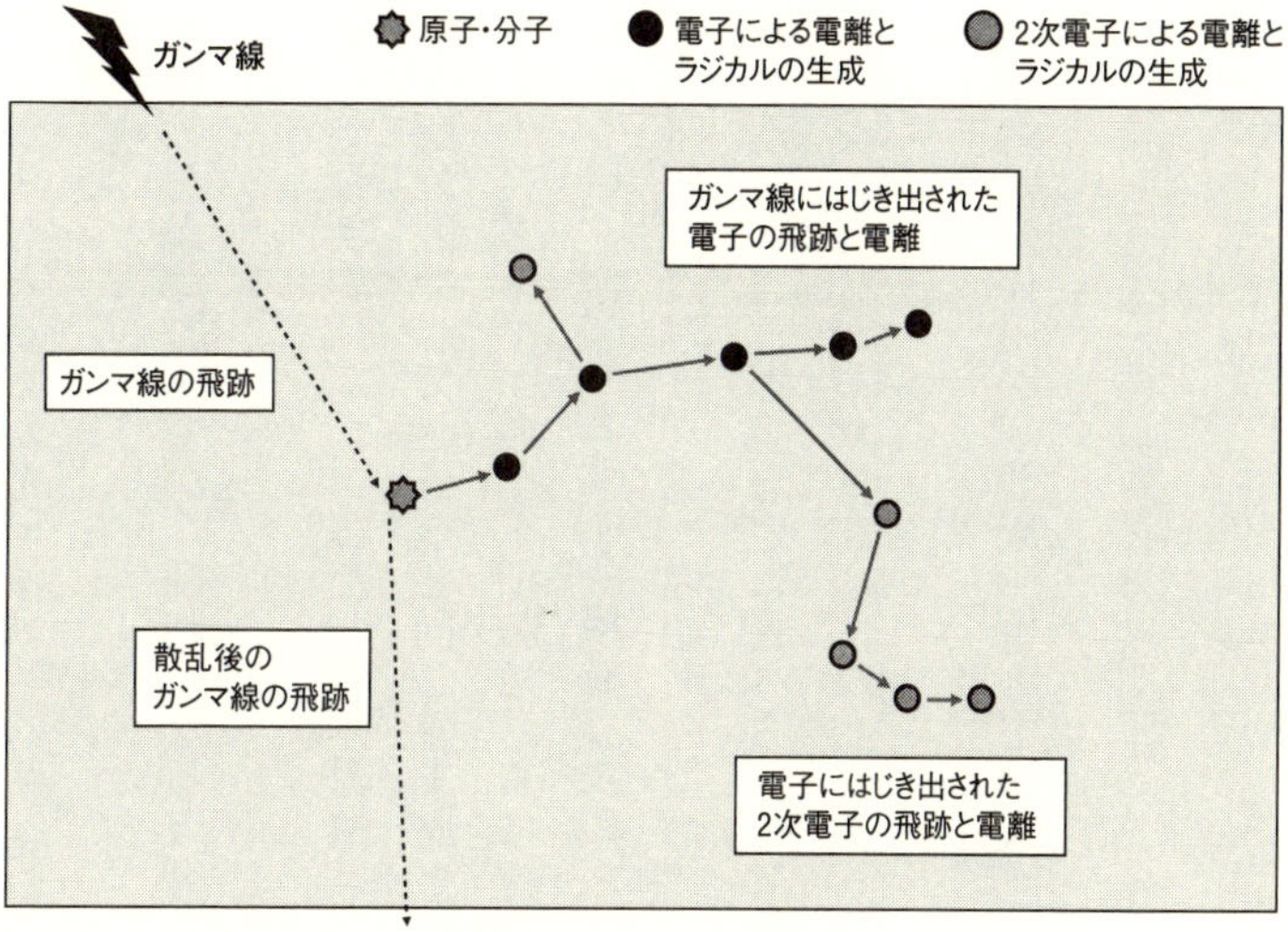

図 A.2b　ガンマ線による外部被ばくで生じる電離

2つある切断端を間違ってつないでしまい、突然変異が生じることがあります。このような突然変異をもつ細胞の多くは、細胞分裂がうまくいかなくなったりして、生きていけなくて排除されます。こういった排除を逃れた一部の細胞では突然変異が原因でがん細胞になると考えられています。

ここで少し、体の細胞の増殖と分化について説明しておきましょう。私たちの体組織は、一部の細胞が「幹細胞」と呼ばれるもので、この幹細胞が分裂をして、自らと同じ幹細胞と、それより少し分化した「プロジェニター細胞」を作ります。プロジェニター細胞はさらに複数回分裂したあと、「機能細胞」に分化します。機能細胞とは、細胞分裂せず各組織で決められた機能を果たす細胞です。私たちの体組織を構成する大部分の細胞は、この機能細胞なのです。これらの機能細胞は、体内でそれぞれの機能を果たしたあと貪食細胞などに食べられて排除されます。こういった機能細胞では、DNA修復もされない場合があります。すなわちDNA損傷修復の必要もないのです。

では、組織におけるこれらの細胞とそれに対する放射線の作用が、健康影響とどのように結びついているのかについて、次に述べます。

放射線による健康影響〈確定的影響〉

放射線を受けると人において、線量や線量率により、また被ばくからの時間経過で、さまざまな健康影響が出ます。比較的大きい線量、例えば数千ミリグレイを全身に一時に受けた場合には、急性の確定的影響と言われる身体的症状が、比較的短い潜伏期（数日、数か月、数年）の後に出ます。急性の確定的影響は、多少の個人差はあるものの、線量が高ければ全員が発症します。晩発性の確定的影響も知られています。人は年を重ねる過程でさまざまな疾患を発症します。放射線を被ばくすると、このような疾患の確率が線量に応じて増加します。これを晩発性の確定的影響と言います。なお、確率的影響に分類されるがんと遺伝性影響は、たとえ線量が高くても必ず発症するというわけではなく、線量に応じて発症確率が増えはしますが、誰が発症するのかはわかりません。

急性の確定的影響は、造血系や上皮系のような細胞の増殖と喪失を盛んに繰り返している組織で発症します。こういった組織では、放射線によりつくられたDNA2本鎖切断で幹細胞やプロジェニター細胞の分裂が阻害されると、新しい機能細胞ができなくなり、もともと一定の速度で失われている機能細胞の数は補充がなくなってさらに減少します。そしてこれに伴い、組織の機能が低下します。組織機能の低下の程度が大きい場合、たとえば骨髄の造血組織が高線量放射線を受けた場合、リンパ球数が低下して感染が起こりやすくなります。また、血小板数の低下は出血をもたらします。腸管では管腔内面を覆う機能上皮細胞がなくなるので、血液や体液が腸管に漏出して下痢・下血が起こります。このような急性の確定的影響では被ばくから発症までの潜伏期の長さは、組織により異なりますが、これはその組織の機能細胞が喪失する速度に関係しています。たとえば、腸管の上皮細胞はふつう1週間ほどの寿命なので、放射線により幹細胞の分裂が止まると、上皮は1週間で機能上皮細胞がなくなるため、このあたりから下痢が起こり始めます。造血組織の細胞は寿命がもっと長いので、照射後数週間の潜伏期ののち、出血や貧血などが始まります。

このような急性の確定的影響が発症するのは、多数の組織幹細胞が失われて機能細胞の供給が大幅に減少する場合です。そのためにはある程度以上の線量が必要です。ですから確定的影響は、しきい値となる線量を超えなければ発症しません（ICRP, 2012）。さらに下痢や出血といった確定的影響の症状は、健常人であるかぎり頻度はゼロです。そのため、急性確定的影響の

放射線の症状としての出血

放射線被ばくによる出血の場合、造血系の幹細胞が減少するため、血小板が作られなくなって生じるものです。この場合は、ふだんは何でもない打ち身でも皮下出血が生じて青あざができます。また、血小板減少による出血はすぐには止まりません。たとえば、鼻血のようにしばらくしたら止まる出血で、皮下出血による青あざ等がない場合は、放射線によるものではありません。

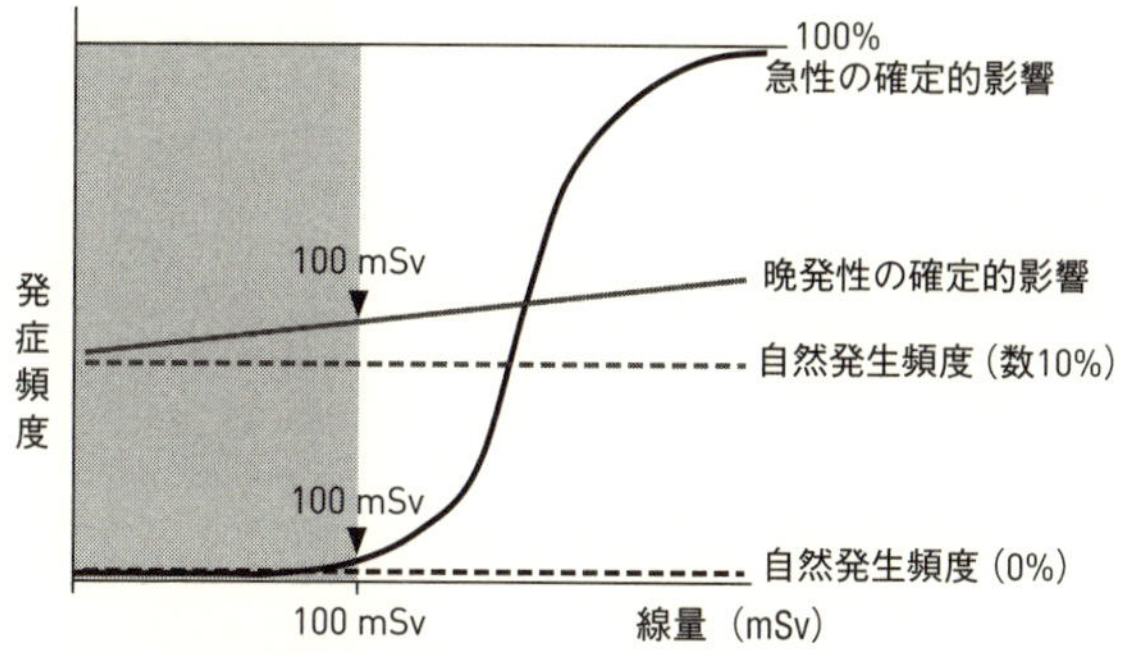

図 A.3　確定的影響

頻度は、低線量ではゼロリスクですが、しきい線量を越えると急速に発症頻度が増加するS字型の曲線（シグモイド曲線）となります。そして線量が高いと発症は１００％にまで増加します（**図A・3**）。

このような急性のもののほかに、長い潜伏期を経て発症する晩発性の確定的影響があります（**図A・3**）。原爆被爆者集団を長期間追跡した結果、白内障や脳・心臓の脈管系障害のリスクが線量に応じて上昇することが明らかになりました（Yamada et al., 2004; Ozasa et al., 2012）。これらの晩発性の確定的影響は、放射線がなくても老化に伴って頻度が上昇する疾患でもあります。たとえば虚血性心疾患によるわが国の死亡頻度は15％程度ですし、白内障は50代で60％、70代で80％にもなりますが、放射線に被ばくするとこれらの頻度がさらに上昇します。これら晩発性の確定的影響のしきい線量は５００ミリグレイ程度と見込まれていますが、発症には老化が密接に関係していると考えられ、１グレイ

（千ミリグレイ）以下の線量反応は明確ではありません。

確定的影響は、１００ミリグレイ以下の線量では出ません。チェルノブイリや福島など、原発事故による汚染を受けた地域で問題になるのは、この確定的影響が出ない１００ミリグレイ以下の線量です。そのため本稿では、確定的影響についてこれ以上は論じません。

放射線による健康影響〈確率的影響〉

確率的影響は、確定的影響が出ないしきい値以下の線量でも、発症の可能性があると考えられています。確率的影響には、次世代で現れる遺伝性影響と、放射線を受けた世代で現れるがんが含まれ、これらはそれぞれ生殖細胞における突然変異と、体細胞における突然変異によるものです。放射線が遺伝性影響をもたらすことは１９２８年にミュラーによりショウジョウバエで示され、その後マウスでも明らかにされました（Russell et al., 1958）。なおショウジョウバエやマウスにおける遺伝性影響は、線量に対して直線的に増加します。このような研究を受けて、ヒトでの放射線による遺伝性影響を検出すべく、原爆被爆者の子どもさん約7万人について詳細な解析がなされましたが、しかし遺伝性影響の頻度上昇は見られませんでした（中村、１９９９）。この驚くべき結果は、放射線治療を受けた小児がんの患者さんが成人して子どもをもうけた例について調べた場合も同じで、子どもさんにおいて突然変異頻度の上昇は見られていません（Green, 2010）。小児がんの治療で精巣や卵巣が受ける線量は、時として数十グレイ（100ミリグレイの数百倍）にもなるにもかかわらず影響が見られないのは驚くべきです。ともあれ現在までのところ、放射線の遺伝性影響は、ヒトにおいて観察されていません。

次にがんについて見ましょう。放射線がもたらす発がん作用は、X線の発見からほどなくして皮膚炎に続いて発症した皮膚がんの例が報告されています。しかし厳密な疫学研究のもとで放射線による発がんの実態が明らかになったのは、原爆被爆者の方々についての疫学調査です。被爆者疫学調査から明らかにされた発がんの実態は、以下のようになります。

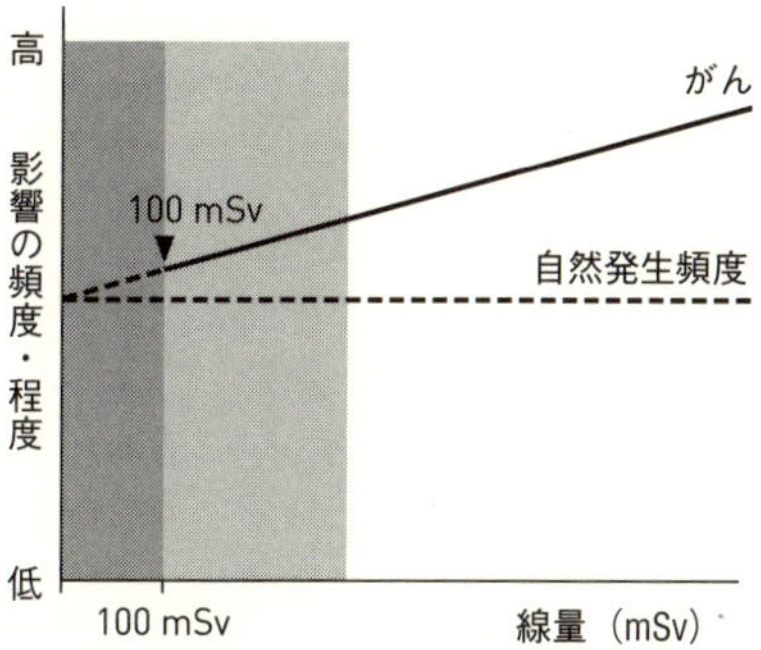

図 A.4　確率的影響

まず一般的にがんといわれるものに、血液のがんである白血病と、それ以外の臓器に生じる固形癌（固形腫瘍）があります。これらのがんは生涯にわたって各組織の機能細胞を作りつづけている組織幹細胞、あるいはそれから生まれたプロジェニター細胞に複数の発がん性の突然変異が生じることで起こります。人間が生きているかぎり幹細胞には自然突然変異が生じるので、老化とともに突然変異も増え、結果としてがんの発症頻度と死亡頻度は増えます。ちなみに日本人の自然発がん頻度は約50％、がん死亡頻度は男性で26％、女性で16％で、放射線を受けるとこれらの頻度は線量の1次式で上昇します。ちなみに30歳の人が1グレイの線量を全身に一気に受けると、70歳でのがん死亡頻度は約4割増となることが被爆者の方の疫学調査から明らかになっています。**図A・4**は線量に対する影響の増加が直線であることを示すものです。

放射線発がんの組織依存性と線量反応関係

放射線による発がん感受性が高いのは造血組織で、白血病がその典型です。しかし造血組織ではあっても、リンパ腫は放射線で誘発されません。私たちの体で固形癌（固形腫瘍）が発生する組織のうち放射線発がん感受性が高いのは、乳腺、小児の甲状腺、胃、大腸、肺。逆に放射線を受けてもがんの頻度がほとんど上昇しない組織には、前立腺、直腸、子宮、膵臓、腎臓、精巣があります。

放射線発がんの線量反応関係を見ると、白血病はおおむね低線量では直線、高線量では2次曲線を示します（Hsu, 2013）。白血病の発症の潜伏期は比較的短く、被ばく後数年で発症する例があります。そのため、白血病は放射線がもたらす1つないし2つの突然変異により発症すると考えても矛盾はありません（Nakamura, 2005）。なお、がんの中で白血病が占める割合は小さく、がん全体では固形癌が圧倒的に多いのです。

放射線による発がんを固形癌全体で見るかぎり、線量に対して直線で増加します（Ozasa, 2012）。ただ、個々のがんの種類を見れば、皮膚がんのように明らかなしきい値をもつものもあります（Sugiyama et al., 2014）。固形癌の発症には、通常、長い潜伏期が必要です。固形癌が発症するには、たとえば大腸がんを例にとると、5つの突然変異が必要とされています。線量反応関係が直線であることから、放射線が5つのなかの1つの突然変異を与えると考えざるを得ません。そうなると、あとの4つの突然変異を獲得するのに長い潜伏期を要すると考えても無理はないでしょう。さらに放射線がもたらす1つの突然変異以外の4つは、いろいろな原因によるものということになります。この残り4つの突然変異を少なくすることで、放射線発がんは抑えられるということになります。たとえば肥満はがんの頻度を上昇させますが、カロリー制限はがんの発症を抑えることがわかっています。マウスでは、放射線照射の後でもカロリー制限をしてやると、がんの発症が抑えられることが示されています（Yoshida et al., 1997）。このことは、放射線を受けてしまった後でも、健康に留意すれば、放射線の影響は少なくできることを意味します。

多くの生物影響について、線量率を下げると放射線の影響の程度が小さくなることが知られており、これを「線量率効果」と呼びます。放射線発がんについても同様の線量率効果が実験動物を用いた研究から明らかになっています。ヒトの放射線被ばく集団についての疫学研究で、線量率が高い場合と比較して低い場合は、発がんリスクが小さいという結果がある一方で、線量率効果がないという結果も知られています。後者の結果に準拠して、線量率効果を1とする、すなわち発がんリスクは線量率に関係なく、総線量で決まるという考えがあります。チェルノブイリや福島では、ごく低い線量率での長期にわたる被ばくが問題になるので、この線量率効果がどの程度であるかを明らかにすることは、きわめて重要です。

発がんの年齢依存性

放射線がもたらす健康影響で皆さんが最も気になさるのは、子どもさんへの影響です。そして小児期の被ばくによる健康リスクがたいへん高いというのは多くの人が信じるところです。また、妊娠時の被ばくの影響は小児期被ばくより大きい、というのも多くの人の信じるところではないでしょうか。このように理解されている年齢による影響の違い、すなわち「年齢依存性」についてもう少し調べてみましょう。

放射線発がんのリスクは、照射時の年齢に大きく依存し、子どものときには高く、年齢を重ねるなかでだんだんと低下します。子どもの被ばくによる発がんについてこれまでに発表されている疫学研究をまとめた報告書が、国連科学委員会（UNSCEAR）から出されています。

その結果を**表A・1**に示します（UNSCEAR, 2013）。この表に示されているように、子どもでの被ばくで大人の被ばくよりリスクがより高いことがはっきりしているのは、乳がん、脳腫瘍、甲状腺、白血病、骨髄不全症候群です。被ばくによる胃と大腸のがんリスクについて、子どもは大人と同等か少し高い程度。肝臓と膀胱のがんリスクは、子どもであっても大人と同程度の感受性。そして肺では、子どもは大人より感受性が低いことが明らかにされています。そして食道、小腸、直腸、膵臓、子宮、卵巣、ホジキンリンパ腫、非ホジキンリンパ腫、ミエローマなど、もともと大人の放射線被ばくでもリスクがほとんど上昇しないがんについては、データ不十分なこともあって、子どもと大人の被ばくによるリスクの多寡について結論は出ていません。これらからすると、子どもで被ばくしたとしても、リスクが大人よりも大きいがんの種類は限られています。

子どもでの感受性が高いとよく知られているのは白血病です。UNSCEARは白血病について、小児期の急性被ばくによる生涯リスクは、大人が同様の被ばくした場合より3〜5倍程度高いとしています。UNSCEARが感受性の指標に使っているのは、生涯罹患リスクなので、子どもが被ばくすることで生涯に白血病を発症する頻度は大人の被ばくの3〜5倍ということになります。

単なる何倍ということではなく、実数ではどの程度になるのでしょうか。日本人の白血病の

表 A.1　子どもと大人の放射線発がん感受性の比較（UNSCEAR, 2013）

組　織	子どもの方が 大人より 感受性が			
	高い	同じ	低い	結論できない
胃	＋？	＋？		
大　腸	＋？	＋？		
肝　臓		＋		
肺			＋	
乳　腺	＋			
膀　胱		＋		
脳	＋			
甲状腺	＋			
白血病	＋			
骨髄不全症候群	＋			
食道、小腸、直腸、膵臓、子宮、卵巣、ホジキンリンパ腫、非ホジキンリンパ腫、ミエローマ				＋

UNSCEAR 2013 Report, Volume II, Annex B の表13を改変。

グレイとシーベルト――なぜ、使いわけるの？

グレイ〔Gy〕は、放射線を物理的に測定するときの単位。放射線の発生源からどのくらいの量が対象まで届いたか（吸収線量）、を表します。

シーベルト〔Sv〕は、さらに「その放射線がどのように人に影響を及ぼすか」を考えて、放射線防護を行うための単位。放射線の種類や被ばく形態（外部被ばくと内部被ばく）が異なる状況を、線量の大小が比較できるように工夫して定義された線量です。

長年の知見から、確定的影響は受けた線量の大きさだけで判断できるのでグレイを用い、確率的影響は放射線の種類や被ばく形態が異なる状況を統一的に比較する必要からシーベルトを用いるのです。

生涯罹患率は０・７％、生涯死亡率は０・５％です（最新がん統計、２０１４）。そして1グレイ（千ミリグレイ）の被ばくによる相対リスクは大人で約１・８倍（Hsu, 2013）。１００ミリグレイの被ばくのリスクは、直線モデルで評価すると１・０８倍になります。そのため大人が１００ミリグレイ被ばくした場合の白血病の生涯罹患率は０・７％が０・７６％に上昇、生涯死亡率も０・５％が０・５４％に上がります。子どもの場合は3倍から5倍感受性が高いので、これらの生涯罹患率と死亡率はそれぞれ０・８７〜０・９８％と０・６２〜０・７％に上昇することになります。

胎児期に被ばくした場合の発がんについてはどうでしょうか。胎児期は放射線発がんにきわめて感受性が高いという理解は多くの人々がもっています。このような理解をもたらしたのは、１９５０年代に始まったオックスフォード小児がん研究（ＯＳＣＣ）によります。

ＯＳＣＣ研究は、小児がんを発症した子どもをもつ母親に対して、妊娠中に骨盤部位のX線診断を受けたか否かという問い合わせを行い、健常な子どもをもつ母親への同様の問い合わせの結果と比較するという手法が取られました。この調査からは、妊娠中でのX線診断被ばくによる小児がんのリスクはきわめて高く、10ミリグレイでリスクの増加は1・5倍という結果になりました。

OSCC
Oxford Study of Childhood Cancer

このOSCCでは、放射線によりほぼすべての小児がんでリスクの上昇が観察されています。すなわち、白血病やリンパ腫といった放射線感受性が高いことで知られる血液がん、それにほぼすべての種類の小児固形癌のリスクが等しく上昇するという結果が得られました。小児期の被ばくでは、リスクが上昇するがんの種類は限定されると明らかになっているのに対し、すべてが増加するという点は不思議です。また、受胎後の初期でも後期でも妊娠期にかかわらずがんの頻度が上昇する、という結果も出ていますが、これも不自然です。そのため、OSCC研究では、小児がんの子どもさんの母親に問い合わせるという症例対照研究の手法をとっているため、症例選択や回答にバイアス（偏り）が生じやすく、さまざまな交絡因子（結果に作用する他の要因）の影響を受ける、等の問題が指摘されています。そして今日でもこれらのバイアス要因を検討する作業が続けられています。

胎児期の放射線被ばくによる発がんは、母親の胎内で原爆放射線を被ばくした方々についての調査がなされています。この調査では、胎内被ばくした一定数の方々を追跡調査するため、バイアスが少ない点でOSCCよりも優れています。しかしながら、8000人以上の小児がん例を有するOSCCに比較すると、胎内被ばく者の数は3600人、がん発症も94例で、統計的な検出力においては劣ります。ともあれこの原爆胎内被爆調査の結論は、成人型のがんの発症について言うかぎり、胎児の感受性は小児と同等かあるいはそれより低いというものです

(Preston, 2008)。興味深いことに、胎内被ばく者の疫学調査では、典型的な小児がんは肝芽細胞がんが１例のみであり、また１例の白血病は小児期の発症ではありません (Delonchamp, 1997)。

胎内被ばくによる発がんについては、動物実験がなされています。動物での胎内被ばく実験では、がんの発症はごく低いか、あるいは見られないという結果がほとんどです (Upton et al., 1960; Ellender et al., 2006)。原爆の胎内被ばく者では、生後の被ばくで見られる染色体異常の頻度の上昇が見られないことが報告されており、胎児期に生じた異常な細胞は排除されることがわかりました (Ohtaki et al., 2004)。これらの知見を合わせると、胎児期における放射線発がんのリスクは、ＯＳＣＣの結果で示されたよりも小さい可能性があるのです。

A.2 リスクについて理解しておきたいこと

世の中にはさまざまな基準が存在します。身近なところでは食品基準や建築基準など、安全を維持するために設けられた基準です。この基準を満たしているかどうかが、安全か否かを社会が判断するよりどころになっています。つまり、ある「安全域」と呼ばれるものが想定され、その安全域がどの範囲と判断できるかを、過去の経験と、安全と想定される規準に対する計算による推論などによって決められています。ここでいう規準とは、過去に観察されていないのであればＯＫとするなどの人間が決めた約束事の意味です。安全域は単なる事実だけで成立しているわけではないという点が重要です。

Ａ・１章では放射線の健康影響についてくわしく見てきました。簡単にふりかえると、放射線の健康影響には「確定的影響」と「確率的影響」という2つのタイプがあります。確定的影響には、皮膚や血液への影響（血球数の変化）など種々の影響がありますが、少なくとも１００ミリシーベルトを超えなければいかなる確定的影響も生じないと過去の経験から考えられています。確率的影響には、がんと遺伝性影響を想定しています。一度に数百ミリシーベルト以上の線量を受けても、遺伝性影響についてはヒトでは観察されていません。ですが、がんについては、被ばくしていない集団と比べると、線量が高くなるにつれて、がんが自然発生に比べて増加することがわかっています。

放射線の健康影響について何ともわかりにくいのは、この確率的影響でしょう。このタイプの影響は、ある個人に注目して影響があったことを確認することができます。放射線によって誘発されたがんと、放射線以外の要因で誘発されたがんは、区別ができません。放射線による確率的影響であることを確認できないからです。そのため、一人ひとりにとっては、放射線の影響が生じたかどうかは確率的に考えるしかないものとなります。実際には、ある人が生涯の間にがんになる確率が自然発生よりいくら増えたかを「リスク」として表現して考えています。このときに欠かせないのが、ヒトの集団を観察して放射線の確率的影響の頻度を調べる疫学という研究方法です。この調査で得たデータを統計的に解析して、観察された事実が偶然そうであったのか／何らかの因果関係を示しているのかを検討し、そこからリスクへとつながっていきます。

面倒な学問のようですが、ひとつひとつの考え方は日常の生活にもけっこう生きています。数値の「意味」を読み解く考え方を紹介しましょう。

疫学データの意味を理解する

疫学とは

疫学とは、もともと伝染病の研究から始まり、感染の原因や動向を調べる学問でしたが、今日では環境問題や生活習慣など広く健康を損ねる原因などを研究対象としています。人の集団を対象に、問題となる疾病の発生原因を、原因かもしれない物質への「曝露」(ばくろ)の有無や定量的な測定などの情報を基礎にして、健康影響との関連を調べます。たとえば、ある有害物質に毎日さらされている作業者(曝露群)と全くさらされていない環境で働く作業者(対照群)の健康影響を比較したとします。ある疾病の発症率について、曝露群の作業者が対照群の作業者に比べて統計的に有意に高ければ、疾病と有害物質の曝露との関連が疑われます(「統計的に有意」については、統計と確率のところで説明します)。ここでのポイントは、疫学は集団間で疾病の頻度を比較するという点です。疫学は公衆衛生の一分野として発展し、予防目的の保健医療政策などに影響を与えてきました。

集団間で疾病の頻度を比較する場合、有害物質への曝露の違いが疾病の発症率に影響したと判断できるためには、その有害物質について曝露の有無以外には疾病に影響を与える要因が存在しないか、もしあったとしても無視できる程度であることが必要です。たとえば、曝露群には対照群に比べて喫煙者が多いとしたら、喫煙のほうが原因で違いが生じた可能性が高くなるからです。

この場合の喫煙のように、注目している要因以外にも同じ方向で結果に影響を与えるものを「交絡因子」といいます。最も代表的な交絡因子は年齢です。一般に年齢とともに疾病の罹患率が増加することがわかっています。そのため、集団と集団を比較する場合には、年齢を合わせるか、年齢を調整した解析によって年齢による影響がないものとして比較しなければなりません。

広島・長崎の原爆データ

放射線についても、多くの疫学調査が実施されてきました。世界的に評価されているのは広島・長崎の原爆被爆生存者の疫学調査です。この調査の概要を示したのが**表A・2**です。「対象者」欄の数値には、被爆生存者の方々の長年のご協力という貢献が隠れています。

他の有害物質で、これだけの規模で長期間にわたって疫学調査を実施したものはありません。原爆の場合、被ばくが短い時間に限定され、それを物理的な測定量として測ることが可能でした。この特殊な状況が曝露についてのより正確な情報を与えることとなり、これによって、放射線の量と健康影響との関係を結びつけて考えることができるようになりました（それまでは

表A.2　広島・長崎の原爆被爆生存者の疫学調査の概要

線量（Gy）	対象者	人・年	固形癌症例数	ベースライン
＜0.005	60,792	1,598,944	9,597	9,537
0.005–0.1	27,789	729,603	4,406	4,374
0.1–0.2	5,527	145,925	968	910
0.2–0.5	5,935	153,886	1,144	963
0.5–1	3,173	81,251	688	493
1–2	1,647	41,412	460	248
2–4	564	13,711	185	71
合計	105,427	2,764,732	17,448	16,595

（出典：Preston, D, et al. *Radiat. Res.* 168, 2007）

動物や細胞レベルでの検討でした）。今日まで、放射線防護や放射線医学などを支えるヒトについての重要な基礎情報となっています。ですから世界の研究者が注目し、当時の物理的な線量推定に疑問が出てくると、実験や計算シミュレーションによって科学的に妥当な線量を推定する作業が日米を中心とした研究者によって続けられ、数度の改訂を経て、現在ではDS02と呼ばれる線量評価値が構築されています。

疫学データは直接、ヒトを対象とした測定で得たものですから、動物実験などのデータに比べて量的なデータとしては重視されます。数百ミリグレイから数グレイといった線量を短時間に全身に受けた場合には、明確な量反応関係として認められています。

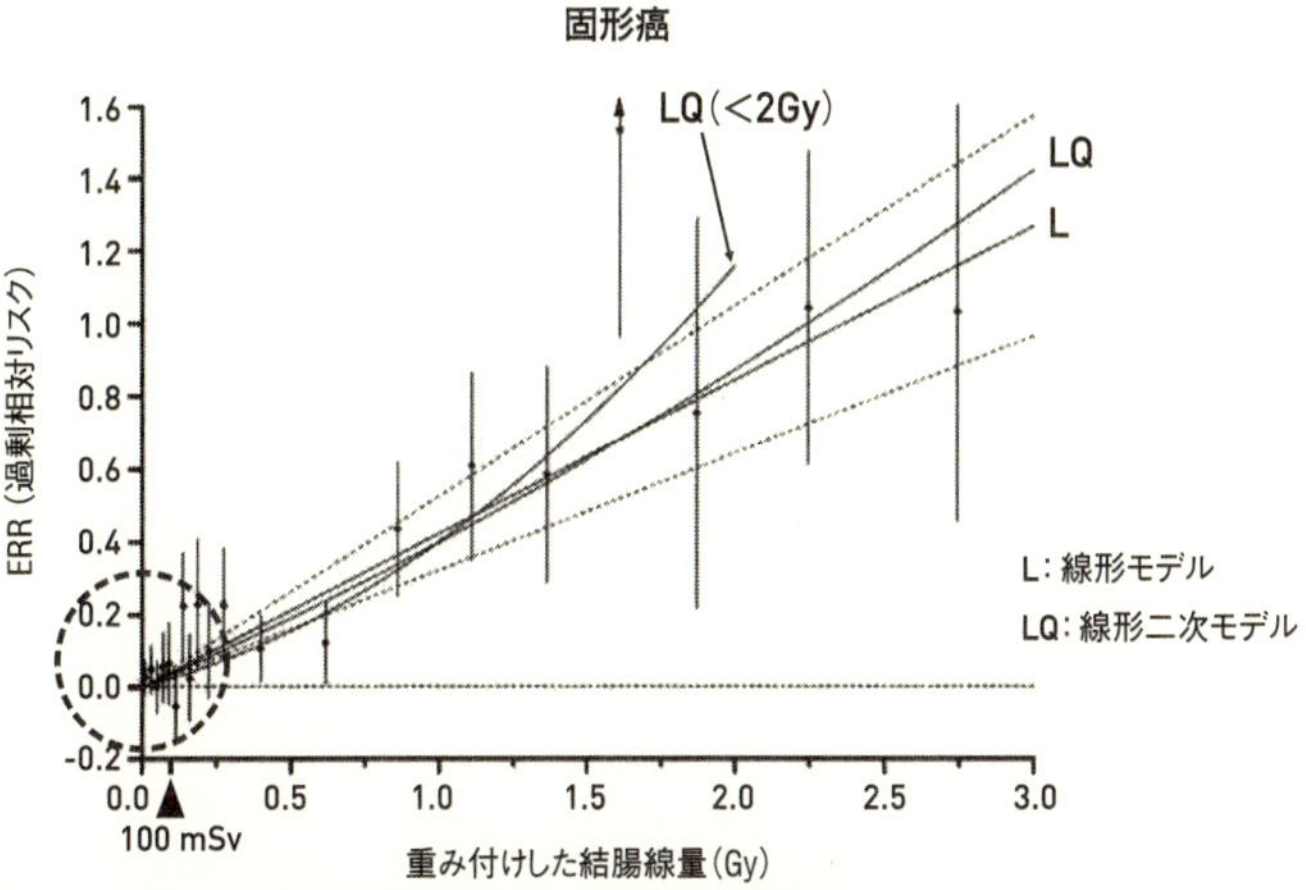

図 A.5　広島・長崎の原爆被ばく生存者の疫学データ
およそ100mGy 以下の線量では影響を検出することが困難。
（出典：Ozasa, K et al. *Radiat. Res.* 177, 2012）

しかし、疫学データは、集団と集団の比較で疾病率を検討しますので、放射線のような有害因子の影響が統計的に意味のある違いとして明確には現れない場合（図A・5）、どう解釈すればよいでしょうか。100〜200ミリグレイ未満の低線量域では、追加の被ばくがない集団と比べて違いがないのですから、影響は認められないということもできるでしょう。最も控えめな解釈が、100〜200ミリグレイ以上と同じ傾向で線量に比例して変化するというものです。これはLNT仮説あるいはLNTモデルとも呼ばれます。現在の放射線防護はこの考え方に基づいています。

疫学データだけに注目している限り、これに代わるモデルを想定することは難しいと考えられてきました。最近では、簡単なモデル

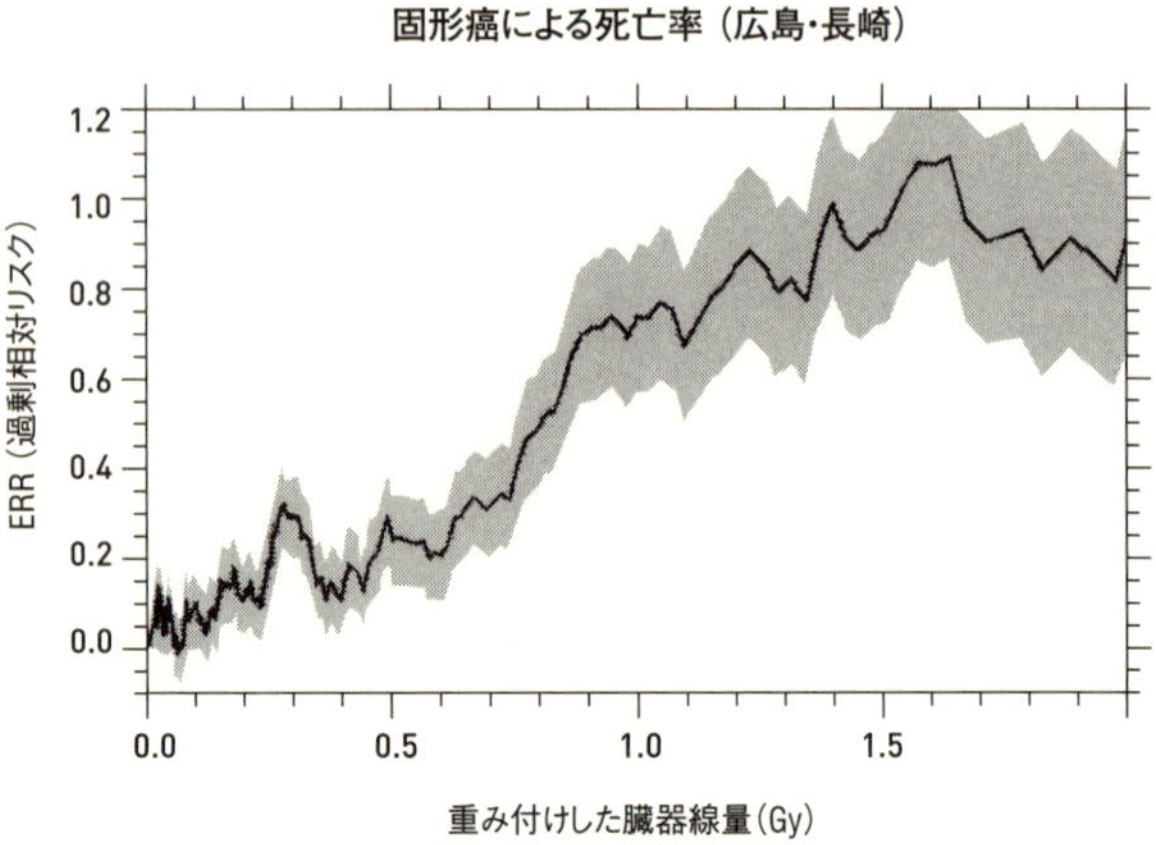

図 A.6　ノンパラメトリック法による線量反応関係の表現
線量反応の関係をモデルで簡易表示せず、データを忠実に示している。
（出典：Chomentowski, M, et al. *Radiat Res.* 153, 2000）

ではなく、データを忠実に表現する方法で線量反応関係を記述することも行われています（図A・6）。ノンパラメトリック法と言います。

疫学データの解釈

放射線のような有害因子の影響が、統計的に意味の有る違い（有意差）として現れない場合、最も控えめな解釈が放射線防護として将来の被ばくのリスクを予測する場合には用いられます。この考え方は、公衆衛生上の予防としては意味があるでしょう。しかし、実際に放射線に被ばくした人にとっては、自分のリスクをどう理解すればよいのかとなれば、この解釈だけでは不安だけが膨れ上がり、このあと自分はどうすればよいのかと途方に暮れるかもしれません。

被ばくした集団としない集団の間で統計的に有意な差がないということは、観察した集団でのがん死亡率・罹患率に影響する要因が他にいくつもあって、他の要因の影響をはっきり上回る大きさではないということです。それではこの場合、影響はどの程度の大きさなのか？　その大きさはゼロである可能性も含まれていますが、このことを観察データだけでは語ることはできません。ゼロではないかもしれないが、その確率は他の要因に比べて決して大きくないということとは逆に、がん死亡率・罹患率、個人としてはリスク（確率）を減らすためには、放射線だけに注目していても効果的に減らすことが難しいことも意味しています。たとえば、生活習慣（喫煙、飲酒、運動、食生活など）を改善することのほうが、より効果的にがんのリスクを減らせる可能性があるということです。生活習慣の影響を調べた疫学の研究では、低線量の放射線被ばくよりも明らかに大きい相対リスクを示すことが多くの研究で報告されています。

この点は集団の健康管理においても重要なメッセージですが、このことを強調するあまり、放射線被ばくの低減は一切無視してもよいというわけではありません。

ところで、ある要因について影響ゼロの可能性もあるが、観察データだけでは信頼性の高い結論は出せない――このようなとき、どう考えていくのでしょうか？

リスクの解釈についてはすでに述べたとおりですが、実際の研究では、ここで放射線生物学からの知見にも目を向けて検討していきます。病気が発生するメカニズムを、細胞やＤＮＡのレベルまで掘り下げて突きとめることで、より確実に影響の有無を語れるようになるのです。

統計と確率

確率――統計的に有意とは？

日常生活に確率はなじみが少ないものですが、この頃では天気予報で「雨の確率が30％」のように確率予報が行われるようになりました。生活の一部になってきているのでしょう。

疫学データを解釈するときに、統計的に有意であるかどうかという点が問題になることを前節で説明しました。「統計的に有意」とは、確率論の観点から観察データ群の違いを検討したとき、その違いが偶然ではなく何らかの因果関係を示すと判断してよいであろうということで、これが統計学的に意味の有る違い、ということになります。

統計的に有意である・有意でないという判断がどうして必要なのでしょうか？　このことを理解するために、観察されたデータとはどのような性質をもっているかを考えてみましょう。たとえば、ある都市のがんの死亡率を毎年観察してみると、同じ値にはならないことに気づきます。これは死亡した人が違うのですから自然の結果と解釈できます。むしろ、死亡率が類似の値になることのほうに注目すべきでしょう。10年間の死亡率を比べた場合、増加傾向や減少傾向はなく、ランダムに上下して変動しているように見えるとします。この変動は、この都市の人々の遺伝的背景や生活習慣、さらには環境有害要因によるものなど、がん死亡率に影響する要因が変化しているのでなく、集団のもつデータのばらつきとして存在していると捉えることができます。ある年のデータだけに注目した場合にも、同様にばらつきを固有にもっていると考えます。つまり、データはもともとあるばらつきを持った分布（確率分布）にしたがって存在していてその分布からデータが抽出されたと考えるのが、確率統計の考え方です。

疫学において、ある条件下にあった人々（曝露群）と全く関係のなかった人々（対照群）の集団を比較して死亡率や罹患率に違いがあるかどうか判定するためには、両者がばらつきの変動の範囲にあるかどうかを考える必要があります。ここで、同じ確率分布からのデータと見なすことができるかどうかを、これも、確率で表現します。研究報告でよく使われる表現ですが、「曝露群と対照群の集団間で5％の確率で有意な違いが認められる」とは、１００回に5回はその判定に間違いがある可能性を許すのならば・有意な違いがあるといってもよい、ということを意味します。

このように、確率統計における統計的有意さとは、一定の法則性と確率的な判断が入ったものであることがわかります。このような本来の性質から、あるデータに有意性がある／ないといった判定だけでは決定的な結論を得ることはできないのです。このことは注目しておくべきでしょう。放射線防護における確率は、データを判定するとき、違いのある可能性が高いか低いかを区別する目安として利用されています。

小さいリスクの検出問題――トンデル論文のその後

統計データの意味を考えるとき、もうひとつ押さえておきたい重要なポイントがあります。統計的な有意性は、対象となる集団のサイズやリスクの大きさに影響を受けることです。

リスクが小さいと、集団サイズを大きくしないと有意な違いを見つけることが困難です。逆にリスクが大きければ小さい集団でも見つけることができます。ではリスクが小さいときに、集団サイズを大きくすれば必ずリスクを検出することができるかといえば、集団サイズを大きくすると新たな難しさが生まれます。観察対象の集団サイズが大きいということは、それだけ多様な人たちが含まれるということです。その集団では生活習慣が違うなど、注目の要因以外のさまざまな要因（交絡因子）について曝露群と対照群の間で偏りがないと考えることが難しくなり、原因として疑う物質への曝露以外は結果に影響しないという前提に立つことができなくなります。そのため、集団サイズが大きい場合には、その他の要因の影響が無視できるようにするため、統計上のいろいろな補正やモデルが利用されます。データを忠実に表現するというよりも、データを解釈するという点に重きが置かれることになります。

＊　＊　＊

リスクが小さいときのデータ解釈の難しさについて、ある例から考えてみたいと思います。福島第一事故以後に注目された論文にトンデル論文があります（Tondel et al., 2004, 2006）。北スウェーデン地方において、チェルノブイリ事故による放射性セシウムの汚染により住民が通常の自然放射線からの被ばくよりも少し高めに被ばくしたことでがん罹患率が増加したと報告した論文です。複数の被ばく群と対照群（被ばくが少ない）を比較して、がん罹患に関わる他の要因＝交絡因子として人口密度と喫煙率を調整しても、１９８８〜１９９１年の期間、罹患率の標準化罹患比（年齢の交絡因子を補正するために用いている）が線量とともに増加する傾向が認められたとするものです。

この論文で扱っているデータは、著者らが調査や測定によって得たものではなく、線量は政府系の研究所である放射線防護機構が測定したもの、罹患率はスウェーデンのがん登録データから取得して評価したものです。したがって信頼性があるデータであり、そこから導かれる結果は一見妥当性が高いように思えます。一方で、解析手法について、２００４年の論文では被ばく群について線量（ミリシーベルト）を評価せず汚染レベル（キロベクレル／㎡）を指標にしていること、隣接するフィンランドでは同様の影響が統計的に有意に観察されていないなど、さまざまな問題点が指摘されていましたが、従来の知見と異なることの決定的な理由がわかりませんでした。

最近、同じグループ（トンデルも共著者）が発表した論文では、１９８０〜２００９年の期間ではスウェーデン全体でもがん罹患率に増加傾向が認められ、汚染が生じた地域に限られた傾向ではないことが明らかになり、汚染が生じた地域の被ばくとそれによるがん罹患率の増加を検出することはできないことを報告していました。（Alinaghizadeh, H., Tondel, M., Walinder, 2014）

＊　＊　＊

このように小さいリスクを検出することの難しさは、さまざまな交絡因子を補正することの難しさからきています。疫学的なアプローチから見るとこうなりますが、リスクを受ける側の立場からは、何が重要ながんの原因となるのか、その中で優先度の高いものはどれかという全体像とともに知ることも、健康を保つ上で大切なことであることを示しています。

リスクとは——ふだんの生活にあるリスク・放射線で上乗せされるリスク

疫学で扱われるリスクは、がんの死亡率や罹患率ですが、これらの元のデータは観察した集団の大きさと、観察の結果であるがん死亡者数、あるいは罹患数となります。これらのデータからどのように影響を検討していくのか、考え方の基本を**図A・7**にまとめました。

疫学調査データで扱うリスクに「相対リスク」があります。対照群の死亡率（罹患率）を１

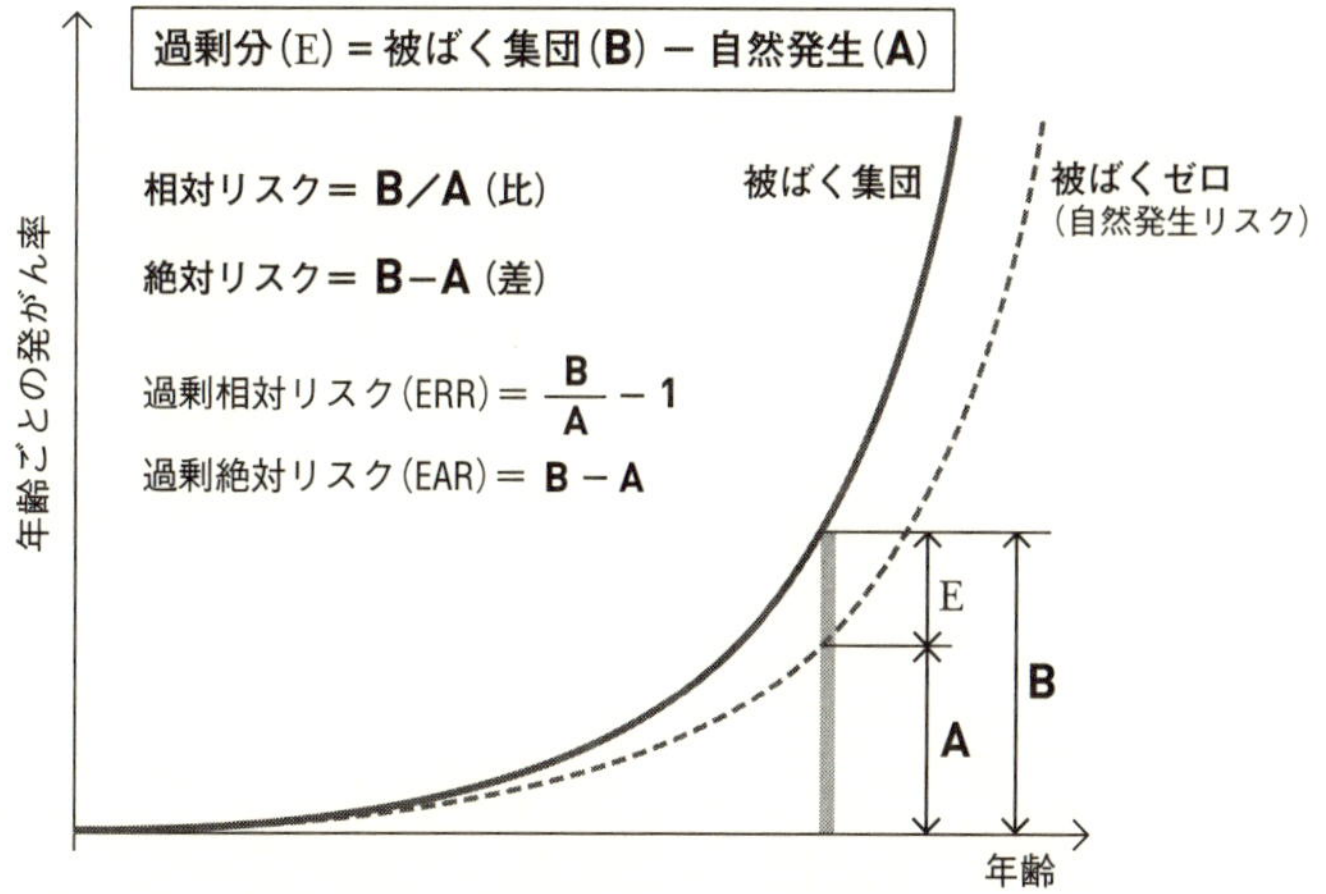

図A.7　リスクの考え方——自然発生リスクと過剰分

とするときの、曝露群の死亡率（罹患率）の比を相対リスクと呼びます。多くの疫学研究が、相対リスクの統計的有意性を検定することで曝露群の影響を判定します。

放射線疫学では、対照群に対する曝露群の相対リスクの増加分をモデルにして解析が行われます。自然発生のリスクに対して上乗せされる過剰分なので、「過剰相対リスク」（ERR）と呼ばれます（**過剰相対リスク＝相対リスク－1**）。横軸を線量に、過剰相対リスクを縦軸にとって線量反応関係が描かれます。過剰相対リスクが0・5といえば、相対リスクが1・5、放射線に被ばくしない場合に比べて1・5倍であることを意味しています。

過剰相対リスクは、線量だけでなく、被ばく時年齢と到達年齢（罹患率では診断時年齢、死亡率では死亡時年齢）によっても変わることがわかっています。とくに、到達年齢が30歳以上になるとほとんど一定の傾向を示し、このことから、放射線は放射線被ばくしていない集団のベースライン罹患率を一定割合だけ増加するように働いているように見えます（ベースラインは、自然発生と考えられるレベル）。この傾向を、観察していない到達年齢にまで当てはめて考える場合に、過剰相対リスクを一定にして将来予測をすることが行われます。

相対リスクに対して、「絶対リスク」もあります。こちらのリスク指標は、比率ではなく、曝露群の死亡率（罹患率）の対照群との差を指します。曝露群が10万人に5人で、対照群が10万に3人だとすると、絶対リスクは10万に2人、すなわち、確率で0・00002と表現されます。絶対リスクは、過剰分であることを明確にするために、通常は「過剰絶対リスク」（EAR）といいます（**図A・7**参照。同じ式で同じ値です）。原爆データの疫学解析では、相対リスクでの解析と絶対リスクでの解析の両方が行われます。

過剰絶対リスクを生涯にわたる年齢で計算し、生命表を用いて積算したものは生涯リスクと呼ばれます。生涯のうちにある原因で死亡する確率である「生涯死亡率」、あるいは生涯である病気に罹患する確率である「生涯罹患率」のことです。疫学から得られるリスクの表現には、全体像をわかりやすく表現するための相対リスク、対照群に比べて曝露群がどのくらい確率が増加したかを示す生涯リスクで表

ERR　Excess relative risk
EAR　Excess absolute risk

現することが行われています。生涯リスクは、曝露群と対照群との比較だけでなく、一般集団における乳がんの生涯リスク（生涯罹患率）は８％（国立がん研究センター・２０１０年データ）と表現されるように、生涯のあいだにがんに罹患する確率が計算されています。全がんについては、生涯がん罹患率（２０１０年データ）は男性で60％、女性で45％、生涯死亡率（２０１２年データ）は、男性で26％、女性で16％となっています。

リスクの受容性

短期間に１００ミリシーベルトの放射線を全身に受けると、相対リスクが1・05と評価されています。１００ミリシーベルトだとすると、ＩＣＲＰは生涯リスクを絶対リスクで0・55％と推定します。ただし、この数値は生涯死亡率でも生涯罹患率でもありません。少々面倒なのですが、がんには致死的ながんと致死的でない（治癒しやすい）がんがありますので、それを区別して、がんの致死率とがんの潜伏期を加味して補正した数値になっています。つまり、致死率の高いがんほどより重く、潜伏期の短いがん（白血病）ほどより重くするという考え方が、ＩＣＲＰの推定では加味されています。全体としては生涯死亡率に近いものであると考えてよいでしょう。私たちの生涯死亡率は、男性で26％、女性で16％ですから、１００ミリシーベルトの生涯死亡率が0・55％だとすると、疫学調査でがんの増加を検出するのは難しい数値であることが想像できます。

リスクは割合や確率で表現されるといっても、結局、人はがんに罹患するかしないかのいずれかひとつだから確率で考えることはできない、という人がいます。たしかに、過去に起きたことは個人にとってはいずれかひとつですが、将来起きることについてはどうでしょうか？明日3時に自分がどうしているかであっても、必ず予定のとおりとはいかず、確率的にしか考えることができません。確率的に考えるからこそ、いろいろな可能性や選択肢を考えることができます。たとえば、インフルエンザが流行しているときに、病院に行って予防接種を受けたいが、病院のような多くの患者さんが集まる場所に行くことで感染してしまうのではないかという恐れがあるとします。両者のリスクを考えると、予防接種を受けないままでいることのリスクが、短時間のうちに病院で感染してしまうリスクよりも大きいと判断ができるからこそ、予防摂取を受けに行くという決定ができるのです。このとき、その病院がインフルエンザ患者で現在ごった返していて、医療関係者の感染管理が十分でないという情報がもしあったならば、その判断は変わるかもしれません。

結局、あるリスクを避けることが容易にでき、生活や行動にさほど影響がないのであれば、結論は簡単です。しかし、リスクを避けることが別のリスクをもたらすとすれば、両者を比較して判断することでしょう。一方で、個人がどこまで小さいリスクに配慮しなければならないか、社会がどのくらい小さいリスクまで規制・管理を行うべきかについては議論が必要です。

低線量放射線のように比較的小さいリスクに対して、規制・管理を行うべき対象かどうかを考えるとき、そこには、単にリスクの大きさだけでなく、そのリスクがどのようにもたらされたものか、自然のものか／人為的なものか、リスクを容易にコントロールできるのかどうかなど、さまざまな要素が関係しています。このことを考慮した防護体系をＩＣＲＰは構築してきました。あるリスクを容認できると感じるかどうかは、リスクのさまざまな要因によって異なることが社会心理学の成果で指摘されています。すべての人々がリスクについて一律に同じ受け容れ方をすると考えることはできません。この点にも、リスクを基礎とした放射線規制・管理の難しさがあります。そこで、最近ではリスク管理の判断に、実際にそのリスクを受ける人たち、いわゆる「ステークホルダー」が直接関わっていくことが強調されています。ＩＣＲＰ111も、ステークホルダーの参加こそが地域社会に受け入れられる判断につながり、事故からの復興をより前進させると考えているのです。

「安全側」という考え方の功罪

リスクを推定する上で、データに限界や不確かさが存在する場合、安全を確保する目的からリスクを過大に評価することが行われます。念のため、危険域からの余裕幅をたっぷりと持たせて行う過大評価が「〈安全側〉に評価する」と呼ばれるものです。放射線防護に携わる人間にとっては長年、当たり前であったこの考え方について、すこし考えてみたいと思います。

これは基準との比較で、安全側に評価しても基準を超えない、と証明される場合には意味をもちますが、安全側に評価すると基準を超えてしまうのであれば、安全側の評価は必ずしも合理的ではなくなります。安全側に評価したことで、コストが多大にかかったり、人々の不安を招いたりということで、社会にとっては負の要素が出てくるからです。コストは管理する側の問題で、リスクを受ける人にとっては一見、関係ないように思えますが、限りある社会的な資産を配分するという視点から見ると、社会生活で必要なところにコストがかけられないということが生じ、結果的に人々に（リスクを受ける人々にも）負の要素として返ってくる可能性があるからです。また、リスクを受ける人々の生活のなかでも、どのような部分から優先して支援が必要なのかという配分の問題もあるでしょう。

人々が抱える心理的不安やストレスは、事故後の社会にとって無視できない大きな問題です。低線量放射線が抱える問題のひとつでもあります。LNTモデルは安全側な評価です。このモデルの意味が社会的に正しく理解されないと、心理的不安やストレスをもたらすだけで、本来の予防を意図した慎重な判断である「功」が「罪」に変わってしまう恐れがあります。

しかし線量評価は、できるだけリアリスティックな推定であること、個人モニタリングなどを用いて個人のリスクを推定するための情報にすることが必要です。食品中の放射性物質濃度や、体内放射性物質量などの測定データが、対数正規分布に近いロングテールの分布をしていることが福島の原発事故後の評価によって明らかになっています。単なる平均値や最大値ではなく、集団の分布を把握することで、誰に高い被ばくがあるのか、それはいかなる理由なのかを明らかにする努力をして、個人の被ばくを確実に低減させるための戦略に利用していくことが求められます。ロングテールの分布のデータを見たときに、高い部分だけに注目するのではなく、全体が低い状態にシフトしていっているという傾向を見ることも大切でしょう。事故から約4年が経過し、多くの測定データが積み上がってきた現在、改めてデータをどのように伝えていくかをしっかり考え、わかりやすいグラフで全体像と対応すべきリスクの所在を伝えていくことが求められています。

年間1ミリシーベルトを考える

最後に、リスクの観点から、1ミリシーベルトをめぐる議論を整理してみたいと思います。放射線防護は、平常時は放射性物質がコントロールされた状態で行われます。病院や放射線利用施設では、利用する放射性物質の量や使い方を考慮して建物が設計され、放射線から人を守るような構造になっています。この状態で行われる放射線防護は日常的な放射線測定による監視や点検が中心となります。あらかじめ設計された通りの運転を行うのであれば、当然、管理の目標は達成可能な限り低いリスクに制御することです。この目標の上限値を、年間1ミリシーベルトとしました。

福島の事故が起きたとき、わが国の防災指針では、予測される線量が50ミリシーベルトを超える場合、「住民は指示に従いコンクリート建屋の屋内に退避するか、又は避難すること」となっていました。もし、1ミリシーベルトに被ばくを抑えることにこだわってしまうと、異常事態をきわめて広い範囲に拡大することとなり、社会的な混乱や避難に伴う2次被害の発生の可能性が高くなってしまうからです。

では、緊急時が収束し、その後の汚染からの復旧段階になったとき、すぐに年間1ミリシーベルトを当面の目標にしないのはなぜでしょうか。年間1ミリシーベルトがすぐに実現できない場合、その汚染からの被ばくをどこまで避けるべきでしょうか。年間1ミリシーベルト以下にならなくても人は生活できると考えているのはなぜでしょうか。

この問題を2つの視点から考えてみましょう。

まず第1の視点は、「リスクのトレードオフ」という考え方です。予防原則からは、少しでも望まないリスクがあるのであれば、リスクの大きさにかかわらず避けるべきという考え方になります。これを、すべての人々に一律に課すと、放射線のリスクを上回る別のリスクを受ける人も出てきます。たとえば、避難生活に適応できずに体調をこわしてしまったり、避難による精神的なストレスから新たな身体的リスクが生じる恐れが高くなったりすることが予想されます。この人々の場合、明らかに放射線のリスクと、放射線のリスクを避けることのどちらがより重要かという選択となります。

第2の視点は、「放射線の健康リスクに対する認識」です。年に数ミリシーベルトくらいの線量がもたらす健康リスクを避けることをどこまで優先しなければならないかということです。望まないリスクは避けるべきでしょう。しかし、そのリスクを避けるとき、どの程度のリスクであれば優先するのか、生活のなかでどこまで優先して避けていくのかという問題です。

年間1ミリシーベルトという線量は、どのようなリスクにつながる数値なのでしょう?

図A・8を見てください。上の図は、各地で採取した地質試料から計算で求めた日本の自然放射線量です（試料採取期間は1999年から2003年）。線量率の地域差で濃淡があります。高低の両端は除いて考えても、日本のなかでの地域差は1年間にすると0・5ミリシーベルト程度の違いがあります。世界のなかで考えると、この10倍以上の地域差があります。自然放射性物質のひとつであるラドンを含めると、自然放射線・放射性物質から受ける放射線量は地域によって1ミリシーベルト程度以上の違いがあると予想されます。

同じく**図A・8**で、下の図は、人口10万人あたりで表わした都道府県別がん死亡率（年齢調

a. 日本の自然放射線量

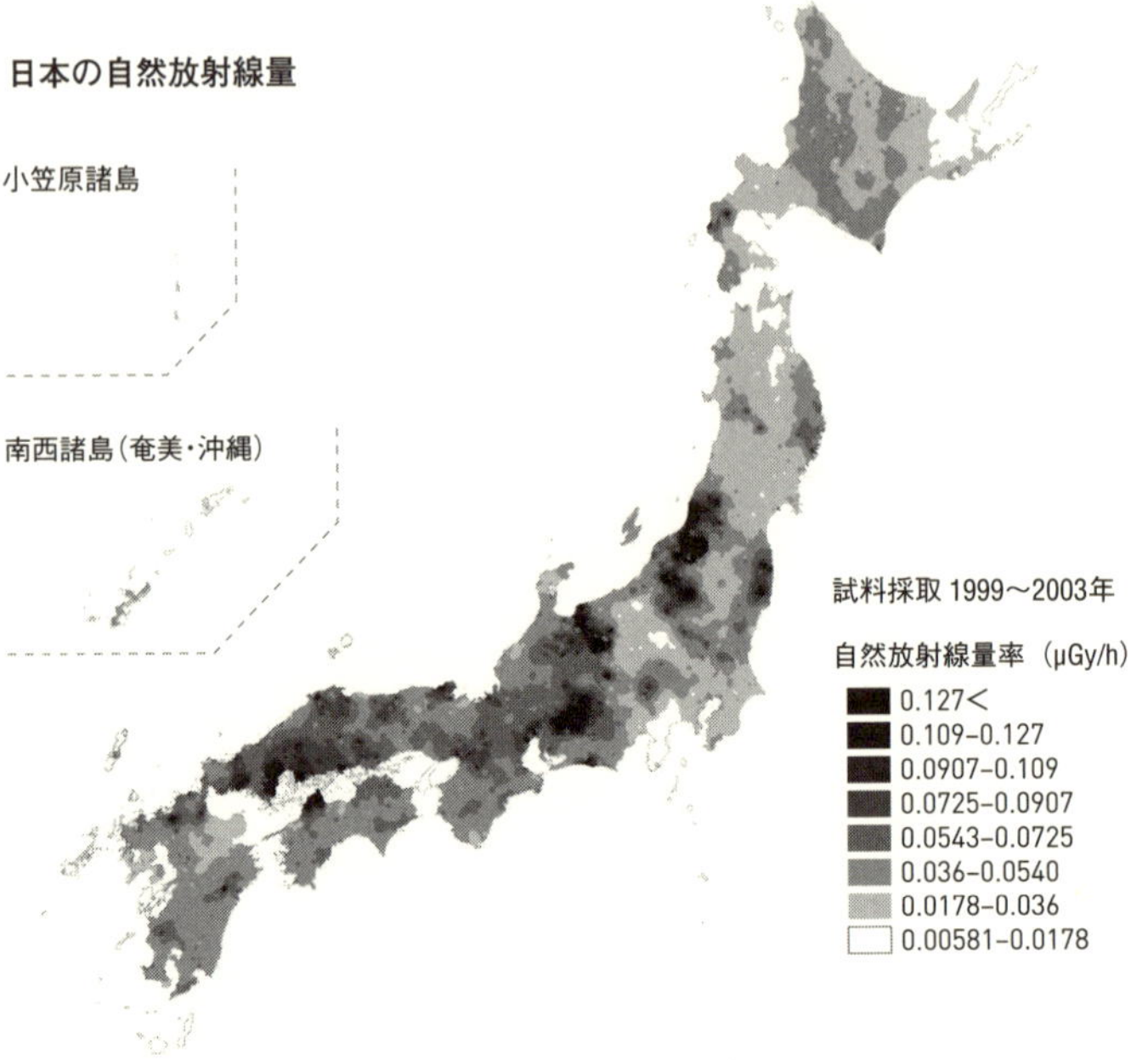

b. 都道府県別がん死亡率（人口10万人あたり）

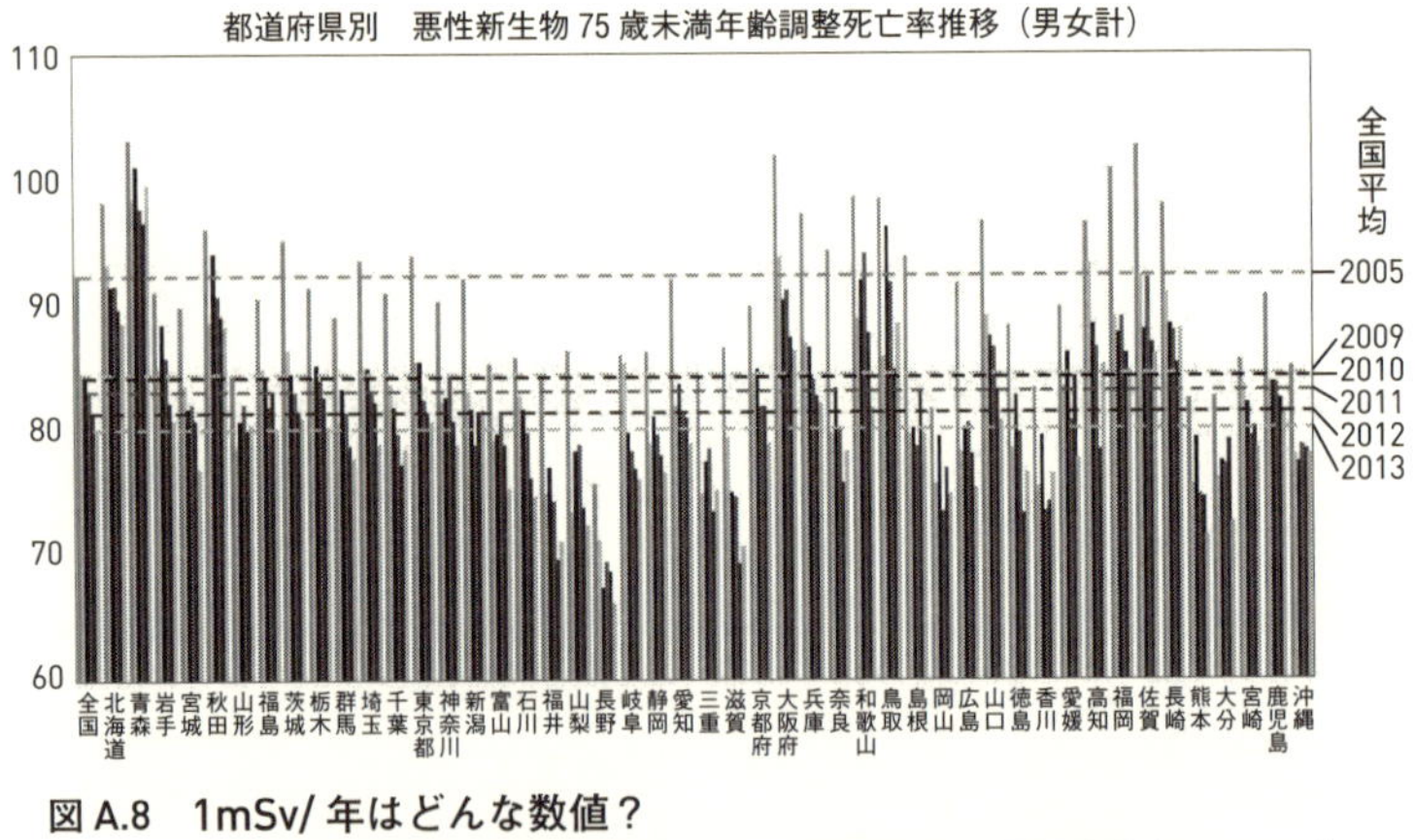

図 A.8　1mSv/ 年はどんな数値？
a. 日本の自然放射線量（産業技術総合研究所 地質調査総合センター）
b. 都道府県別がん死亡率（国立がん研究センター がん対策情報センター）

整死亡率）です。注目のポイントは、年ごとの全国平均とそこからの差異です。これは各地域の長年の生活習慣の違いが反映されたものと考えられます。県別のがん死亡率地域差は、全国平均から0・9〜1・1倍以上の違いがあります。放射線防護においては、20ミリシーベルトの被ばくはがん死亡率を1・01倍高めると予想していますが、放射線のリスクが生活習慣の違いによる地域差と比べてどの程度のリスクかの目安になるでしょう。

望まないリスクをどのように認識し、自分の生活のなかでどのように位置づけ、どこまで優先的に、かつ、新たなもうひとつのリスクを生じないようにして避けていくのか？

この問題に対する答えは、個人の選択や感じ方・考え方で決まるものでもあり、答えが1つでないことは確かです。基本は、放射線の被ばくによってリスクを受けることになる人々が、リスクについての説明を受けた上で選択することができるようにしなければなりません。この点からも、事故後の回復期（現存被ばく状況）における防護戦略は、被災した住民が復旧プログラムに実質的に関われるようにすることが大切となります。

資料

福島クロニクル

本資料は、2011年（平成23）3月11日以降の東京電力福島第一原発事故への対応に関わる主な社会的事象をまとめたものです。

年月日	福島県・県内市町村の事項	国の事項
2011年3月		
3月11日	・福島県知事が陸上自衛隊に災害派遣を要請。	・政府が「原子力緊急事態宣言」を発令。福島第一原発から半径3km圏内の住民に避難を、半径3～10kmの住民には屋内退避を指示する。
3月12日		・避難指示を半径20km圏内に拡大。
3月15日	・津波・地震等により、県内420人死亡、997人不明。	・福島第一原発半径30km圏内に屋内退避指示。
3月17日		・厚労省、食品の放射性物質の暫定基準を初めて設定。
3月21日		・政府が福島県、茨城県、栃木県、群馬県にホウレンソウの、福島県には原乳の出荷停止を指示。
3月25日		・福島第一原発20～30km圏内に自主避難要請。「屋内退避」から変更。
2011年4月		
4月5日		・政府は、放射性ヨウ素の魚介類に関する暫定基準値を、1kgあたり2000ベクレルと決定。
4月8日		・政府は、土壌から5000ベクレル／kg超の放射性セシウムが検出された水田は、コメの作付を制限すると発表。

4月11日
・福島県飯館村議会で副村長が「原則全員に避難してもらう。国は1か月以内を目安に避難させてほしいとしている」と発言。
・福島第一原発から20kmの外側で放射性物質の累積が高い地域を「計画的避難区域」「緊急時避難準備区域」に指定。

4月12日
・原子力安全・保安院、福島第一原発事故について「国際原子力事故評価尺度」の暫定評価を、「レベル5」から最悪の「レベル7」に引き上げると発表。

4月14日
・第一原発から10km圏内を福島県警が初捜索。福島県が校庭の放射線量発表。

4月18日
・原子力安全・保安院が、第1～3号機の核燃料が「溶融している と思われる」と初めて認める。

4月21日
・放射線量が高い小中学校の屋外活動制限について、福島県教委が対象校の保護者に説明。

4月22日
・福島第一原発20km圏内を「警戒区域」。圏外に「計画的避難区域」「緊急時避難準備区域」を設定。
・法務省が「避難者差別は人権侵害」と HPに緊急メッセージを掲載。

4月26日
・文科省が福島第一原発周辺地域の放射線量分布マップを初めて公表。

4月27日
・福島県郡山市が放射線量を下げるため市立薫小学校の校庭の表土を削り取る。

4月28日
・原子力損害賠償紛争審査会が原発事故の賠償範囲の対象を農水産物の出荷制限も含むと決定。

2011年5月

5月10日
・警戒区域に指定されている川内村で、住民の一時帰宅が初めて行われた。

5月12日
・官房長官が記者会見で、第一原発警戒区域内にいる家畜について、原則殺処分するよう指示。

年月日	福島県・県内市町村の事項	国の事項
5月13日		・政府、東電への賠償支援を決定。
5月15日	・福島県飯館村と川俣町の住民が計画避難を開始。	
5月17日		・原子力被災者への対応に関する当面の取組のロードマップ案が原災本部から示された。
5月21日	・福島県飯館村で、村内に残る住民を対象に健康診断。	
5月27日		・文科省が、福島県の小中学校などの校庭で毎時1マイクロシーベルト以上の放射線量が測定された場合、表土除去の工事費用を国が補助すると発表。
2011年6月		
6月1日	・警戒区域からの車持ち出しのため福島県南相馬市と川内村の住民が初めて一時立ち入り開始。	
6月9日	・福島県伊達市が市内児童ら約8千人に線量計配布発表。	
6月14日		・政府は、東電の賠償を支援するための「原子力損害賠償支援機構法案」を閣議決定。
6月16日		・事故後1年の積算放射線量が20ミリシーベルト超と見込まれる世帯を「特定避難勧奨地点」に指定すると表明。
6月27日	・福島県知事が、県議会で「脱原発」を表明。福島県の全県民対象の県民健康調査が開始。	
6月30日		・政府が伊達市で局地的に高い放射線量が観測された世帯を「特定避難勧奨地点」として初めて指定。
2011年7月		
7月19日		・政府と東電は原子力被災者への対応に関する新工程表を発表。

7月29日
・原子力事故被害緊急措置法案（仮払い法案）が参院で可決、成立。

2011年8月

8月2日
・文科省、詳細モニタリング計画を策定。

8月3日
・「原子力損害賠償支援機構法」が参院本会議で可決成立。「特定避難勧奨地点」に南相馬市と川内村の世帯を新たに指定。

8月26日
・福島県双葉、大熊両町民が初めて一時帰宅。

2011年9月

9月20日
・政府と東電が、第一原発事故収束に向けた「ステップ2」達成を年内に前倒しすると表明。

9月26日
・福島県郡山市が小中学校の校庭の放射線量で毎時0・6マイクロシーベルト未満とする独自目標を設定。目標値を上回る6校の表土除去を開始。

9月30日
・緊急時避難準備区域が一斉に解除。福島第一原発から半径20〜30㎞圏の5市町村が対象。
・原災本部、緊急時避難準備区域を一斉に解除。

2011年10月

10月8日
・福島県は、18歳以下の全県民約36万人を対象に、生涯にわたって継続する甲状腺検査を始めた。

10月10日
・政府が年間1ミリシーベルト以上の地域を除染対象に決定。

10月27日
・政府の食品安全委員会が食品からの被曝の影響を評価し、「健康影響が見いだされるのは生涯100ミリシーベルト以上」と答申。

年月日	福島県・県内市町村の事項	国の事項
2011年11月		
11月1日	・福島市が給食材料の放射線検査を開始。	
11月11日		・政府が放射線量年間1ミリシーベルト超の地域を国の責任で除染する基本方針を閣議決定。
11月19日	・福島空港に震災後初の国際便到着。	
2011年12月		
12月6日		・福島県内23市町村の住民を賠償対象に追加。
12月11日		・環境省が除染ガイドライン案を公表。
12月15日		・低線量被曝を検討する政府WGが現行避難基準の年20ミリシーベルトは「妥当」と結論。
12月16日		・野田首相が原発事故は「収束」、原子炉は「冷温停止状態」で、行程表の「ステップ2は完了」とした。
12月19日		・環境省が除染の支援対策「汚染状況重点調査地域」に8県102市町村を指定。
12月22日		・食品中の放射性セシウムの新たな規制を検討してきた厚労省は22日、薬事・食品衛生審議会で提示し、了承された。
12月26日		・原災本部が警戒区域及び避難指示区域の見直しに関する基本的考え方を提示。避難指示解除準備区域、居住制限区域、帰宅困難区域の3つの区域について対応方針が示された。
12月28日	・福島県が震災と原発事故を受けた復興計画を正式決定。	

2012年

1月1日		・放射性物質汚染対処特措法が施行。
1月26日		・環境省は、福島県の警戒区域と計画的避難区域で実施する除染の工程表発表。年間被曝量に応じて3分類した上で、最も低い20ミリシーベルト以下の地域の除染を最優先で進める。
1月31日	・福島県川内村が「帰村宣言」。避難区域に指定された自治体では初めて。	
3月30日		・川内村、田村市及び南相馬市について、警戒区域及び避難指示区域等の見直しを原災本部が決定。
4月1日		・食品中の放射性物質について、食品衛生法上の新基準値が施行された。
12月14日		・伊達市と川内村について、特定避難勧奨地点の指定を原災本部が解除。

2013年

8月7日		・川俣町の避難指示区域の見直しが決定されたことにより、被災11市町村すべての見直しが完了。

2014年

4月1日	・田村市の避難指示解除準備区域、避難指示解除。	
10月1日	・川内村の避難指示解除準備区域、避難指示解除。	
12月24日		・南相馬市について、特定避難勧奨地点の指定を原災本部が解除。

Ohtaki K, Kodama Y, Nakano M, et al., Human fetuses do not register chromosome damage inflicted by radiation exposure in lymphoid precursor cells except for a small but significant effect at low doses. *Radiat. Res.* **161**, 373- 379, 2004.
Ozasa K, Shimizu Y, Suyama A, et al., Studies of the mortality of atomic bomb survivors, Report 14, 1950-2003: an overview of cancer and noncancer diseases. *Radiat. Res.* **177**, 229-243, 2012.
Preston D.L, Cullings H., Suyama A., et al., Solid cancer incidence in atomic bomb survivors exposed in utero or as young children. *J Natl. Cancer Inst.* **100**, 428-436, 2008.
Russell W.L., Russell L.B., Kelly E.M., Radiation dose rate and mutation frequency. *Science.* **128**, 1546-1550, 1958.
Sugiyama H., Misumi M., Kishikawa M., et al., Skin cancer incidence among atomic bomb survivors from 1958 to 1996. *Radiat. Res.* **181**, 531-539, 2014.
UNSCEAR 2013. Report Vol.I.（1章に同じ）
UNSCEAR, UNSCEAR 2013 Report: "Sources, effects and risks of ionizing radiation" Volume II, Annex B–Effects of radiation exposure of children. UNSCEAR, 2014.
Upton A.C., Odell T.T. Jr, Sniffen E.P., Influence of age at time of irradiation on induction of leukemia and ovarian tumors in RF mice. *Proc Soc Exp Biol Med.* **104**, 769-772, 1960.
Yamada M, Wong FL, Fujiwara S et al., Non-cancer disease incidence in atomic bomb survivors, 1958-1998. *Radiat. Res.* **161**, 622-632, 2004.
Yoshida K., Inoue T., Nojima K., et al., Calorie restriction reduces the incidence of myeloid leukemia induced by a single whole-body radiation in H/He mice. *Proc. Natl. Acad. Sci. USA.* **94**, 2615-2619, 1997.
国立がん研究センターがん対策情報センター, ホームページ「がん情報サービス<2014年のがん統計予測」 URL http://ganjoho.jp/public/statistics/pub/short_pred.html
中村典,「原爆放射線の遺伝的影響に関する調査：過去・現在・未来」, 放射線生物研究 **34**, 153-169, 1999。

A.2章　リスクについて理解しておきたいこと

図A.6　Ozasa, K., Shimizu Y., Suyama A., et al., 2012（A.1章に同じ）.
図A.7　Chomentowski M., Kellerer A.M., Pierce D.A., 2000（本章の文献に同じ）.
図4.8a　今井 登, 産業技術総合研究所・地質情報研究部門。日本地質学会ホームページ（日本の自然放射線量） URL http://www.geosociety.jp/hazard/content0058.html.
図4.8b　国立がん研究センターがん対策情報センター, ホームページ「がん統計都道府県比較　75歳未満年齢調整死亡率」 URL http://ganjoho.jp/public/statistics/pub/statistics03_01.html

Alinaghizadeh H., Tondel M., Walinder R. Cancer incidence in northern Sweden before and after the Chernobyl nuclear power plant accident. *Radiat. Environ. Biophys.* **53**, 495-504, 2014.
Chomentowski M., Kellerer A.M., Pierce D.A., Radiation Dose Dependences in the Atomic Bomb Survivor Cancer Mortality Data: A Model-Free Visualization. *Radiat. Res.* **153**(3), 289-294, 2000.
Preston D.L., Ron E., Tokuoka S., et al., Solid Cancer Incidence in Atomic Bomb Survivors: 1958–1998. *Radiat. Res.* **168**(1), 1–64, 2007.
Tondel M, et al., Increase of regional total cancer incidence in north Sweden due to the Chernobyl accident? *J. Epidemiol. Community Health.* **58**, 1011-1016, 2004.
Tondel M, et al., Increased incidence of malignancies in Sweden after the Chernobyl accident — a promoting effect? *Am J. Ind. Med.* **49**, 159–168, 2006.

5章　汚染された食品の管理

図5.3　水産庁, ホームページ「水産物の放射性物質調査の結果について」

Sato O., Nonaka S., Tada J., Intake of radioactive materials as assessed by the duplicate diet method in Fukushima. *J. Radiol. Prot.* **33**, 823, 2013.

※「ICRP Publ.40　大規模放射線事故の際の公衆の防護：計画のための原則」(1986)
※「ICRP Publ.63　放射線緊急時における公衆の防護のための介入に関する諸原則」(1994)
※「ICRP Publ.82　長期放射線被ばく状況における公衆の防護—自然線源および長寿命放射性残渣による制御しうる放射線被ばくへの委員会の放射線防護体系の適用—」(1999)
イオン, ホームページ「放射能・放射性物質　関連情報」 URL http://www.aeon.jp/information/radioactivity/
奥村晴彦, ホームページ「食品の放射能データ検索」 URL http://oku.edu.mie-u.ac.jp/food/
コープふくしま, ホームページ「東日本大震災に関する取り組み」 URL http://www.fukushima.coop/300_benri/380_sinsai_torikumi.html
森茂康（企画：エフコープ生活協同組合),「暮らしの中の放射能」, 西日本新聞社 (1991)

6. 終わりに—— 4年

web @J_Tphoto, @buvery,「ICRP111から考えたこと—福島で「現存被曝状況」を生きる—」(2011)。

A.1章　放射線による健康影響

Delongchamp R.R., Mabuchi K., Yoshimoto Y., et al., Cancer mortality among atomic bomb survivors exposed in utero or as young children, October 1950-May 1992. *Radiat. Res.* **147**, 385-395, 1997.
Ellender M., Harrison J.D., Kozlowski R., et al., In utero and neonatal sensitivity of ApcMin/+ mice to radiation-induced intestinal neoplasia. *Int J. Radiat. Biol.* **82**, 141-151, 2006.
Green D.M., Lange J.M., Peabody E.M., et al., Pregnancy outcome after treatment for Wilms tumor: a report from the national Wilms tumor long-term follow-up study. *J Clin Oncol.* **28**, 2824-2830, 2010.
Hsu W.L., Preston D.L., Soda M, et al., The incidence of leukemia, lymphoma and multiple myeloma among atomic bomb survivors: 1950-2001. *Radiat. Res.* **179**, 361-382, 2013.
ICRP, Recommendations of the ICRP. ICRP Publication 26. *Ann. ICRP* **1** (3). 1977.
ICRP, The 2007 Recommendation of the ICRP. ICRP Publication 103. *Ann. ICRP* **37**(2-4), 2007.
ICRP, ICRP Statement on Tissue Reactions / Early and Late Effects of Radiation in Normal Tissues and Organs— Threshold Doses for Tissue Reactions in a Radiation Protection Context. ICRP Publication 118. *Ann. ICRP* **41** (1/2), 2012
ICRP Publ.26, ICRP Publ.103の邦訳版は, 3章に同じ。
Muller H.J., Artificial transmutation of the gene. *Science.* **66**, 84-87,1927.
Muller H.J., Genetic damage produced by radiation. *Science.* **121**, 837-840,1955.
Nakamura N., A hypothesis: radiation-related leukemia is mainly attributable to the small number of people who carry pre-existing clonally expanded preleukemic cells. *Radiat. Res.* **163**, 258-265, 2005.

※「ICRP Publ.27「害の指標」をつくるときの諸問題」(1978)
web「ICRP Publ.60　国際放射線防護委員会の1990 年勧告」(1991)
※「ICRP Publ.82　長期放射線被ばく状況における公衆の防護—自然線源および長寿命放射性残渣による制御しうる放射線被ばくへの委員会の放射線防護体系の適用—」(2002)
「ICRP Publ.96　放射線攻撃時の被ばくに対する公衆の防護」(2011)
「ICRP Publ.101　公衆の防護を目的とした代表的個人の線量評価／放射線防護の最適化：プロセスの拡大」(2009)
web「ICRP Publ.103　国際放射線防護委員会の2007 年勧告」(2009)
「ICRP Publ.104　放射線防護の管理方策の適用範囲」(2013)
ICRP Publ.109, ICRP Publ. 111は，冒頭に同じ。
放射線医学総合研究所，「放射線の線源と影響−原子放射線の影響に関する国連科学委員会 UNSCEAR 2008年報告書（日本語版）第1巻：線源」(2012)　＊科学的附属書A『医療放射線による被ばく』，同B『種々の線源からの公衆と作業者の被ばく』を含む。
放射線医学総合研究所，「放射線の線源と影響−原子放射線の影響に関する国連科学委員会 UNSCEAR 2008年報告書（日本語版）第2巻：影響」(2013)　＊科学的附属書C『事故における放射線被ばく』，同D『チェルノブイリ事故からの放射線による健康影響』,同E『ヒト以外の生物相への電離放射線の影響』を含む。
放射線医学総合研究所，ホームページ「自然起源放射性物質（NORM）データベース」
URL http://www.nirs.go.jp/db/anzendb/NORMDB/index.php

4章　全体の防護戦略

図4.1　Naito W., et al., Evaluation of dose from external irradiation for individuals living in areas affected by the Fukushima Daiichi Nuclear Plant accident. *Radiat. Protect. Dosimetry.* Epub 2014 Jun 30; **163**(3), 353-361, 2015.
図4.3,4.4　厚生労働省，ホームページ「東日本大震災関連情報」>「食品中の放射性物質への対応」

ICRP, Age-dependent Doses to the Members of the Public from Intake of Radionuclides — Part 5 Compilation of Ingestion and Inhalation Coefficients. ICRP Publication 72. *Ann. ICRP* **26** (1), 1995.
Harada K.H., Fujii Y., Adachi A., et al., Dietary Intake of Radiocesium in Adult Residents in Fukushima Prefecture and Neighboring Regions after the Fukushima Nuclear Power Plant Accident: 24-h Food-Duplicate Survey in December 2011, *Environ. Sci. Technol.* **47**(6), 2520–2526,2013.
web Hayano R., Tsubokura M., Miyazaki M., et al., Internal radiocesium contamination of adults and children in Fukushima 7 to 20 months after the Fukushima NPP accident as measured by extensive whole-body-counter surveys, *Proc Jpn Acad Ser B Phys Biol Sci.* **89**(4), 157–163,2013.
Tsubokura M., Kato S., Nomura S., et al., Absence of Internal Radiation Contamination by Radioactive Cesium among Children Affected by the Fukushima Daiichi Nuclear Power Plant Disaster. *Health Phys.* **108**(1),39-43,2015.

ICRP通信　URL http://icrp-tsushin.jp/index.html
半澤 隆宏,「認識や理解の「ズレ」が除染を妨げている!? 〜除染は，科学的だけではできない，人の心にも働きかけを〜」，福島県伊達市役所市民生活部，保健物理，**48**(2),67,2013。
web 福島県，ホームページ「ホールボディカウンターによる内部被ばく検査　検査の結果について」
web 福島市,「第2回放射能に関する市民意識調査報告書　平成26年11月」(2014)。
web 宮崎真，早野龍五,「福島の個人線量測定のいま—D-シャトルとBABYSCANをめぐって—」，Isotope News, 2014 年 10 月号, No.726（2014)。

2章　事故の影響を受けた地域とそこでの暮らし

図2.3　口絵②に同じ（文部科学省, 農林水産省, 2012）
図2.4　口絵③に同じ（IAEA,1991）
図2.6　UNSCEAR 2013, Vol.I, Annex.A, Fig.C-VIII.
図2.7　Golikov, V.Y., Balonov, M.I., Jacob, P., External exposure of the population living in areas of Russia contaminated due to the Chernobyl accident. *Radiat. Environ. Biophys.* **41**(3), 185-193, 2002.
図2.9, 2.10　Takahara, S., Abe, T., Iijima, M., et al., Statistical Characterization of Radiation Doses from External Exposures and Relevant Contributors in Fukushima Prefecture. *Health Physics.* **107**(4), 326-335, 2014.
図2.11　ICRP Publ. 111, 図2.2。

web Hayano R., Adachi R., Estimation of the total population moving into and out of the 20 km evacuation zone during the Fukushima NPP accident as calculated using "Auto-GPS" mobile phone data. *Proc. Jpn. Acad., Ser. B.* **89**, 196-199, 2013.
web IAEA, Environmental Consequences of the Chernobyl Accident and their Remediation: Twenty Years of Experience, Report of the Chernobyl Forum Expert Group 'Environment'. IAEA, 2006. URL http://www-pub.iaea.org/mtcd/publications/pdf/pub1239_web.pdf
web Nomura S., Gilmour S., Tsubokura M., et al., Mortality risk amongst nursing home residents evacuated after the Fukushima nuclear accident: a retrospective cohort study. *PLoS One.* **8**(3) , 2013; e60192.
web Tanigawa K., Hosoi Y., Hirohashi N., et al., Loss of life after evacuation: lessons learned from the Fukushima accident. *Lancet.* **379**(9819), 889-891, 2012.
web 国連科学委員会2013報告書。第I巻（1章に同じ）。
web 日本学術会議,「チェルノブイリ原発事故による環境への影響とその修復：20年の経験」,（IAEA報告書の邦訳), 日本学術会議 原発事故による環境汚染調査に関する検討小委員会（2013）。 URL http://www.scj.go.jp/ja/member/iinkai/kiroku/3-250325.pdf
web 日本学術会議,「報告　東京電力福島第一原子力発電所事故によって環境中に放出された放射性物質の輸送沈着過程に関するモデル計算結果の比較」,平成26年（2014年）9月2日, 日本学術会議 総合工学委員会 原子力事故対応委員分科会（2014）。
web 福島県-1,「福島県放射能測定マップ」(2014) URL http://fukushima-radioactivity.jp/
web 福島県-2,「平成23年東北地方太平洋沖地震による被害状況即報（第1243報）」(2014) URL http://www.pref.fukushima.lg.jp/sec/16025b/shinsai-higaijokyo.html
web 4市勉強会,「除染・復興の加速化に向けた国と4市の取組 中間報告」(2014年8月), (2014) URL https://josen.env.go.jp/material/pdf/session_140801/session_140801_02.pdf

3章　事故の影響を受けた地域の人々の防護――ICRPの考え方

図3.5　ICRP Publ. 111, 図3.1。

Folley J.H., Borges W., Yamawaki T., Incidence of leukemia in survivors of the atomic bomb in Hiroshima and Nagasaki. *Japan, Am J Med.* **13**(3), 311-321, 1952.
Henshaw P.S., Hawkins J.W., Meyer H.L., et al., Incidence of Leukemia in Physicians. *JNCI.* **4**(4), 339-346,1944.
web UNSCEAR, UNSCEAR 2008 Report to the General Assembly, with scientific annexes, Volume I: Report to the General Assembly, Scientific Annexes A and B. UNSCEAR, 2010.
web UNSCEAR, UNSCEAR 2008 Report Vol.II, Effects of Ionizing Radiaton, Volume II: Scientific Annexes C, D and E. UNSCEAR, 2011.
※「ICRP Publ.1　国際放射線防護委員会勧告（1958年9月採択）」(1960)
※「ICRP Publ.9　国際放射線防護委員会勧告（1965年9月17日採択）」(1967)
※「ICRP Publ.26　国際放射線防護委員会勧告（1977年1月17日採択）」(1977)

参考文献

web は，webで公開されているPDFでダウンロード可能（最終アクセス：2015年1月31日）。
読者の便宜のため，邦訳版のある文献はそちらを優先的に掲載した。邦訳版の原著には，
ウェブよりアクセス可能。ICRP英語版は，ICRPウェブ（Publications）から確認／注文可能。
ICRP日本語版は，翻訳・発行：日本アイソトープ協会（※は，2015年春にPDF版公開予定）。

全体にわたる参考文献

web ICRP, Application of the Commission's Recommendations to the Protection of People Living in Long-term Contaminated Areas after a Nuclear Accident or a Radiation Emergency. ICRP Publication 111. *Ann. ICRP* **39** (3), 2009.
ICRP, Application of the Commission's Recommendations for the Protection of People in Emergency Exposure Situations. ICRP Publication 109. *Ann. ICRP* **39** (1), 2009.
ICRP, The 2007 Recommendations of the International Commission on Radiological Protection. ICRP Publication 103. *Ann. ICRP* **37** (2-4), 2007.

web「ICRP Publ. 111　原子力事故または放射線緊急事態後の長期汚染地域に居住する人々の防護に対する委員会勧告の適用」(2012)
web「ICRP Publ.109　緊急時被ばく状況における人々の防護のための委員会勧告の適用」(2013)
web「ICRP Publ.103　国際放射線防護委員会の2007年勧告」(2009)

口絵

web ①原子力規制庁，第37回原子力規制委員会(平成25年12月25日）資料5,「東京電力福島第一原子力発電所事故から30か月後の航空機モニタリングによる空間線量率について, p.5（2013）
web ②文部科学省原子力災害対策支援本部，農林水産省農林水産技術会議事務局，「東京電力株式会社福島第一原子力発電所の事故に伴い放出された放射性物質の分布状況等に関する調査研究結果（第一次調査）」(平成24年3月)，第1編，p. I-56（2012）【図2.3　カラー版】
web ③IAEA, The International Chernobyl Project, "The International Chernobyl Project: Surface Contamination Maps". IAEA, 1991. 【図2.4　カラー版】
web ④ICRP, 2012 Annual Report. p.30, ICRP, 2012.

1章　福島――あの日から起こったこと

web UNSCEAR, UNSCEAR 2013 Report to the General Assembly with Scientific Annexes, Volume I:Scientific Annex A. Levels and effects of radiation exposure due to the nuclear accident after the 2011 great east-Japan earthquake and tsunami. UNSCEAR, 2014.
URL http://www.unscear.org/unscear/en/publications/2013_1.html
web 国連科学委員会，「UNSCEAR 2013年報告書。第I巻：国連総会報告書および科学的附属書A：2011年東日本大震災後の原子力事故の被ばくのレベルと影響」(邦訳・先行版)，国連科学委員会（2014)。URL http://www.unscear.org/unscear/en/publications/2013_1_JP.html

ICRP 111 解説書編集委員会

委員長　丹羽　太貫（ICRP 主委員会，京都大学名誉教授，福島県立医科大学）
副委員長　甲斐　倫明（ICRP 第 4 専門委員会，大分県立看護科学大学）
委　員　神田　玲子（放射線医学総合研究所）
　　　　早野　龍五（東京大学）
　　　　本間　俊充（ICRP 第 4 専門委員会，日本原子力研究開発機構）
　　　　宮崎　　真（福島県立医科大学）
　　　　迫田　幸子（日本アイソトープ協会）

語りあうためのICRP111
―ふるさとの暮らしと放射線防護―

2015年2月21日　初版第1刷発行

編　著　ICRP111解説書編集委員会

発　行　公益社団法人 日本アイソトープ協会
〒113-8941　東京都文京区本駒込二丁目28番45号
電　話　学術・出版（03）5395-8082
U R L　http://www.jrias.or.jp

発売所　丸善出版株式会社

印刷・製本　株式会社 恵友社

ISBN 978-4-89073-245-6　C3036